MAD MATH BOOKS

Index

Exercises	Days
Addition 0 to 5	1 - 8
Addition 0 to 7	9 - 16
Addition 0 to 10	17 - 40
Subtraction 0 to 10	41 - 48
Subtraction 10 to 20	49 - 60
Subtraction 0 to 20	61 - 80
Addition and Subtraction	81 - 100

Answers

Copyright © 2021 Mad Math Books

All rights reserved. No part of this publication may be reproduced, distributed, or transmitted in any form or by any means, including photocopying, recording, or other electronic or mechanical methods, without the prior written permission of the publisher, except in the case of brief quotations embodied in critical reviews and certain other noncommercial uses permitted by copyright law.

DAY - 1

NAME.

SCORE: / 60

TIME.

1) 4 + 5	2) 3 + 0	3) 2 + 4	4) 0 + 4	5) 0 + 2	6) 4 + 5
7) 3 + 1	8) 3 + 3	9) 0 + 2	10) 0 + 3	11) 1 + 2	12) 2 + 3
13) 5 + 5	14) 5 + 3	15) 0 + 2	16) 1 + 5	17) 4 + 1	18) 4 + 1
19) 5 + 1	20) 1 + 2	21) 3 + 1	22) 3 + 4	23) 1 + 3	24) 5 + 4
25) 2 + 4	26) 2 + 2	27) 5 + 5	28) 4 + 1	29) 1 + 0	30) 3 + 5
31) 2 + 3	32) 0 + 3	33) 1 + 3	34) 1 + 3	35) 4 + 1	36) 1 + 2
37) 1 + 4	38) 0 + 4	39) 3 + 2	40) 0 + 2	41) 4 + 4	42) 3 + 2
43) 2 + 3	44) 0 + 1	45) 4 + 1	46) 2 + 0	47) 5 + 5	48) 1 + 5
49) 1 + 4	50) 0 + 3	51) 3 + 0	52) 1 + 5	53) 0 + 1	54) 5 + 1
55) 1 + 1	56) 1 + 5	57) 3 + 1	58) 3 + 5	59) 1 + 3	60) 2 + 5

DAY - 2

NAME. **SCORE: /60** **TIME.**

1) 3 + 4	2) 2 + 1	3) 5 + 4	4) 3 + 2	5) 4 + 3	6) 2 + 5
7) 4 + 2	8) 4 + 3	9) 1 + 1	10) 2 + 3	11) 2 + 4	12) 5 + 5
13) 0 + 1	14) 5 + 1	15) 1 + 3	16) 4 + 2	17) 3 + 2	18) 4 + 1
19) 4 + 1	20) 5 + 2	21) 4 + 4	22) 2 + 3	23) 4 + 1	24) 0 + 2
25) 1 + 3	26) 2 + 3	27) 3 + 5	28) 2 + 4	29) 4 + 2	30) 5 + 1
31) 0 + 1	32) 2 + 0	33) 4 + 2	34) 5 + 2	35) 4 + 0	36) 2 + 1
37) 3 + 2	38) 1 + 4	39) 3 + 2	40) 1 + 0	41) 1 + 3	42) 5 + 0
43) 2 + 2	44) 2 + 3	45) 5 + 2	46) 4 + 2	47) 2 + 3	48) 2 + 4
49) 0 + 4	50) 5 + 3	51) 1 + 3	52) 3 + 2	53) 2 + 4	54) 4 + 3
55) 1 + 4	56) 1 + 3	57) 3 + 4	58) 0 + 2	59) 4 + 5	60) 5 + 4

DAY - 3

1) 1 + 5	2) 0 + 4	3) 1 + 3	4) 3 + 1	5) 3 + 1	6) 3 + 2
7) 5 + 0	8) 1 + 3	9) 2 + 1	10) 5 + 1	11) 4 + 3	12) 3 + 1
13) 5 + 5	14) 4 + 2	15) 4 + 2	16) 2 + 2	17) 2 + 4	18) 5 + 3
19) 1 + 0	20) 5 + 3	21) 1 + 0	22) 2 + 4	23) 4 + 1	24) 2 + 5
25) 2 + 5	26) 4 + 5	27) 4 + 2	28) 1 + 4	29) 4 + 3	30) 1 + 1
31) 5 + 3	32) 2 + 3	33) 2 + 2	34) 2 + 4	35) 2 + 4	36) 1 + 5
37) 2 + 1	38) 3 + 3	39) 4 + 5	40) 0 + 3	41) 0 + 2	42) 1 + 1
43) 4 + 2	44) 1 + 5	45) 0 + 3	46) 0 + 4	47) 2 + 4	48) 3 + 2
49) 4 + 2	50) 5 + 4	51) 5 + 2	52) 3 + 3	53) 3 + 1	54) 1 + 3
55) 1 + 4	56) 3 + 0	57) 3 + 0	58) 1 + 1	59) 1 + 2	60) 4 + 4

DAY - 4

NAME. **SCORE: /60** **TIME.**

1. 5 + 4	2. 4 + 2	3. 3 + 5	4. 0 + 3	5. 3 + 2	6. 5 + 1
7. 4 + 5	8. 2 + 3	9. 4 + 2	10. 2 + 2	11. 0 + 0	12. 2 + 1
13. 2 + 5	14. 4 + 3	15. 4 + 0	16. 2 + 1	17. 4 + 2	18. 4 + 3
19. 3 + 0	20. 4 + 0	21. 4 + 1	22. 3 + 4	23. 2 + 2	24. 1 + 4
25. 0 + 3	26. 4 + 3	27. 2 + 3	28. 3 + 3	29. 3 + 3	30. 2 + 5
31. 2 + 1	32. 3 + 3	33. 4 + 1	34. 3 + 2	35. 4 + 2	36. 3 + 4
37. 5 + 4	38. 3 + 1	39. 3 + 1	40. 1 + 5	41. 0 + 2	42. 2 + 3
43. 0 + 4	44. 2 + 4	45. 0 + 2	46. 0 + 2	47. 4 + 3	48. 3 + 0
49. 5 + 1	50. 5 + 1	51. 4 + 1	52. 2 + 1	53. 3 + 4	54. 5 + 1
55. 4 + 3	56. 4 + 2	57. 4 + 2	58. 3 + 1	59. 1 + 4	60. 2 + 5

DAY - 5

NAME.
SCORE: / 60
TIME.

1. 4 + 1	2. 2 + 3	3. 1 + 3	4. 0 + 4	5. 4 + 0	6. 0 + 3
7. 0 + 1	8. 4 + 5	9. 1 + 2	10. 1 + 4	11. 2 + 2	12. 3 + 0
13. 1 + 2	14. 1 + 4	15. 2 + 1	16. 3 + 0	17. 4 + 2	18. 4 + 4
19. 5 + 1	20. 2 + 5	21. 3 + 0	22. 3 + 2	23. 4 + 4	24. 5 + 2
25. 5 + 4	26. 2 + 4	27. 1 + 3	28. 4 + 4	29. 2 + 3	30. 1 + 0
31. 1 + 3	32. 2 + 4	33. 3 + 1	34. 3 + 3	35. 3 + 5	36. 3 + 1
37. 5 + 4	38. 2 + 3	39. 2 + 3	40. 2 + 3	41. 0 + 2	42. 1 + 3
43. 5 + 3	44. 3 + 5	45. 1 + 0	46. 5 + 2	47. 4 + 1	48. 1 + 3
49. 5 + 1	50. 5 + 5	51. 0 + 3	52. 1 + 5	53. 3 + 4	54. 3 + 0
55. 4 + 2	56. 3 + 2	57. 3 + 3	58. 1 + 2	59. 2 + 2	60. 1 + 1

DAY - 6

NAME. **SCORE: /60** **TIME.**

1) 5 + 2	2) 2 + 0	3) 1 + 1	4) 5 + 4	5) 5 + 2	6) 4 + 4
7) 4 + 3	8) 3 + 4	9) 5 + 3	10) 5 + 3	11) 3 + 2	12) 3 + 2
13) 1 + 3	14) 1 + 4	15) 4 + 2	16) 5 + 4	17) 5 + 4	18) 4 + 0
19) 5 + 4	20) 3 + 4	21) 4 + 1	22) 1 + 4	23) 1 + 4	24) 1 + 3
25) 4 + 2	26) 2 + 4	27) 0 + 1	28) 1 + 2	29) 2 + 5	30) 4 + 2
31) 0 + 3	32) 4 + 4	33) 1 + 3	34) 2 + 4	35) 3 + 2	36) 4 + 3
37) 4 + 2	38) 4 + 5	39) 3 + 3	40) 1 + 0	41) 5 + 1	42) 0 + 1
43) 4 + 4	44) 2 + 2	45) 0 + 4	46) 2 + 0	47) 1 + 4	48) 2 + 3
49) 5 + 1	50) 1 + 5	51) 3 + 0	52) 5 + 3	53) 2 + 1	54) 5 + 3
55) 3 + 1	56) 2 + 0	57) 1 + 2	58) 4 + 3	59) 2 + 1	60) 4 + 3

DAY - 7

NAME.
SCORE: /60
TIME.

1. 5 + 2	2. 2 + 0	3. 1 + 1	4. 5 + 4	5. 5 + 2	6. 4 + 4
7. 4 + 3	8. 3 + 4	9. 5 + 3	10. 5 + 3	11. 3 + 2	12. 3 + 2
13. 1 + 3	14. 1 + 4	15. 4 + 2	16. 5 + 4	17. 5 + 4	18. 4 + 0
19. 5 + 4	20. 3 + 4	21. 4 + 1	22. 1 + 4	23. 1 + 4	24. 1 + 3
25. 4 + 2	26. 2 + 4	27. 0 + 1	28. 1 + 2	29. 2 + 5	30. 4 + 2
31. 0 + 3	32. 4 + 4	33. 1 + 3	34. 2 + 4	35. 3 + 2	36. 4 + 3
37. 4 + 2	38. 4 + 5	39. 3 + 3	40. 1 + 0	41. 5 + 1	42. 0 + 1
43. 4 + 4	44. 2 + 2	45. 0 + 4	46. 2 + 0	47. 1 + 4	48. 2 + 3
49. 5 + 1	50. 1 + 5	51. 3 + 0	52. 5 + 3	53. 2 + 1	54. 5 + 3
55. 3 + 1	56. 2 + 0	57. 1 + 2	58. 4 + 3	59. 2 + 1	60. 4 + 3

DAY - 8

NAME. **SCORE: / 60** **TIME.**

1. $2 + 1$	2. $2 + 4$	3. $2 + 3$	4. $1 + 4$	5. $1 + 4$	6. $2 + 1$
7. $3 + 2$	8. $3 + 1$	9. $2 + 0$	10. $3 + 4$	11. $1 + 3$	12. $3 + 2$
13. $0 + 4$	14. $4 + 0$	15. $3 + 1$	16. $3 + 3$	17. $4 + 3$	18. $1 + 4$
19. $2 + 3$	20. $0 + 4$	21. $5 + 3$	22. $1 + 3$	23. $2 + 4$	24. $0 + 3$
25. $5 + 2$	26. $2 + 2$	27. $1 + 2$	28. $4 + 3$	29. $4 + 0$	30. $4 + 4$
31. $1 + 0$	32. $2 + 0$	33. $2 + 2$	34. $4 + 5$	35. $3 + 4$	36. $2 + 4$
37. $3 + 3$	38. $2 + 2$	39. $1 + 2$	40. $3 + 0$	41. $2 + 4$	42. $1 + 0$
43. $1 + 1$	44. $1 + 3$	45. $2 + 1$	46. $0 + 5$	47. $0 + 5$	48. $1 + 5$
49. $4 + 2$	50. $1 + 2$	51. $1 + 1$	52. $2 + 4$	53. $4 + 0$	54. $2 + 0$
55. $5 + 5$	56. $1 + 4$	57. $4 + 5$	58. $2 + 2$	59. $1 + 3$	60. $5 + 4$

DAY - 9

NAME.
SCORE: / 60
TIME.

1) 1 + 7	2) 1 + 6	3) 5 + 2	4) 4 + 2	5) 5 + 3	6) 3 + 6
7) 2 + 6	8) 2 + 7	9) 1 + 7	10) 0 + 1	11) 0 + 7	12) 6 + 5
13) 1 + 2	14) 5 + 3	15) 3 + 6	16) 2 + 3	17) 6 + 3	18) 0 + 3
19) 7 + 4	20) 1 + 0	21) 1 + 0	22) 6 + 6	23) 1 + 7	24) 2 + 5
25) 6 + 2	26) 6 + 4	27) 3 + 6	28) 2 + 7	29) 6 + 5	30) 5 + 3
31) 3 + 3	32) 4 + 4	33) 4 + 1	34) 1 + 2	35) 1 + 1	36) 0 + 4
37) 7 + 5	38) 0 + 2	39) 1 + 3	40) 1 + 3	41) 6 + 7	42) 7 + 7
43) 2 + 3	44) 6 + 6	45) 6 + 6	46) 3 + 2	47) 5 + 0	48) 7 + 5
49) 1 + 3	50) 1 + 6	51) 5 + 1	52) 1 + 3	53) 3 + 3	54) 2 + 2
55) 3 + 2	56) 6 + 2	57) 6 + 4	58) 4 + 2	59) 0 + 7	60) 4 + 3

DAY - 10   NAME.   SCORE: /60   TIME.

1. 6 + 6	2. 3 + 3	3. 1 + 2	4. 2 + 0	5. 4 + 1	6. 1 + 4
7. 7 + 4	8. 4 + 6	9. 0 + 4	10. 1 + 4	11. 3 + 1	12. 7 + 5
13. 0 + 0	14. 3 + 4	15. 5 + 6	16. 3 + 4	17. 2 + 3	18. 6 + 0
19. 6 + 3	20. 0 + 3	21. 0 + 5	22. 2 + 7	23. 6 + 1	24. 0 + 4
25. 2 + 4	26. 4 + 6	27. 7 + 1	28. 5 + 1	29. 0 + 3	30. 3 + 1
31. 6 + 1	32. 4 + 3	33. 5 + 5	34. 6 + 1	35. 5 + 4	36. 5 + 5
37. 4 + 1	38. 0 + 1	39. 4 + 5	40. 2 + 0	41. 4 + 6	42. 2 + 4
43. 7 + 2	44. 2 + 5	45. 2 + 1	46. 2 + 4	47. 6 + 2	48. 1 + 4
49. 1 + 2	50. 3 + 3	51. 2 + 4	52. 2 + 0	53. 3 + 3	54. 7 + 7
55. 6 + 7	56. 3 + 6	57. 7 + 6	58. 6 + 4	59. 6 + 1	60. 6 + 1

DAY - 11

NAME. SCORE: /60 TIME.

1) 4 + 6	2) 2 + 5	3) 6 + 7	4) 5 + 2	5) 0 + 2	6) 5 + 7
7) 5 + 6	8) 2 + 6	9) 4 + 7	10) 3 + 1	11) 2 + 5	12) 1 + 1
13) 3 + 6	14) 1 + 6	15) 3 + 4	16) 5 + 4	17) 6 + 4	18) 5 + 6
19) 5 + 6	20) 1 + 0	21) 0 + 2	22) 6 + 4	23) 1 + 3	24) 0 + 3
25) 1 + 2	26) 2 + 6	27) 1 + 4	28) 0 + 4	29) 2 + 6	30) 4 + 2
31) 5 + 4	32) 3 + 1	33) 6 + 3	34) 7 + 6	35) 3 + 5	36) 5 + 6
37) 3 + 5	38) 7 + 5	39) 6 + 1	40) 2 + 7	41) 2 + 7	42) 6 + 6
43) 1 + 0	44) 6 + 6	45) 3 + 3	46) 3 + 5	47) 6 + 2	48) 1 + 6
49) 4 + 6	50) 1 + 3	51) 0 + 6	52) 5 + 5	53) 1 + 4	54) 3 + 1
55) 7 + 6	56) 6 + 5	57) 0 + 7	58) 6 + 6	59) 6 + 5	60) 5 + 5

DAY - 12

NAME.   SCORE: / 60   TIME.

1. 0 + 4	2. 1 + 3	3. 4 + 4	4. 2 + 4	5. 2 + 1	6. 4 + 5
7. 0 + 6	8. 4 + 2	9. 5 + 7	10. 2 + 7	11. 6 + 2	12. 5 + 2
13. 2 + 5	14. 1 + 2	15. 4 + 4	16. 6 + 4	17. 2 + 4	18. 4 + 6
19. 5 + 2	20. 4 + 6	21. 6 + 6	22. 6 + 0	23. 3 + 0	24. 6 + 4
25. 1 + 3	26. 5 + 3	27. 7 + 5	28. 3 + 6	29. 5 + 2	30. 5 + 4
31. 1 + 3	32. 6 + 2	33. 7 + 6	34. 5 + 7	35. 4 + 6	36. 3 + 4
37. 6 + 5	38. 4 + 2	39. 2 + 1	40. 1 + 6	41. 4 + 2	42. 6 + 4
43. 6 + 3	44. 4 + 1	45. 4 + 1	46. 1 + 3	47. 3 + 1	48. 0 + 4
49. 4 + 1	50. 3 + 2	51. 2 + 6	52. 1 + 7	53. 3 + 6	54. 4 + 4
55. 2 + 1	56. 1 + 6	57. 0 + 2	58. 6 + 5	59. 2 + 0	60. 7 + 4

DAY - 13

NAME.
SCORE: / 60
TIME.

1) 3 + 6	2) 5 + 4	3) 1 + 2	4) 5 + 0	5) 3 + 6	6) 2 + 2
7) 5 + 5	8) 2 + 0	9) 7 + 4	10) 2 + 4	11) 1 + 6	12) 5 + 5
13) 2 + 5	14) 6 + 3	15) 1 + 2	16) 1 + 6	17) 4 + 4	18) 5 + 7
19) 3 + 0	20) 1 + 1	21) 2 + 4	22) 0 + 5	23) 2 + 6	24) 2 + 5
25) 3 + 2	26) 1 + 0	27) 1 + 1	28) 6 + 2	29) 5 + 3	30) 7 + 5
31) 2 + 0	32) 2 + 2	33) 1 + 2	34) 2 + 1	35) 3 + 2	36) 6 + 0
37) 7 + 5	38) 3 + 3	39) 4 + 6	40) 5 + 6	41) 2 + 5	42) 0 + 6
43) 7 + 2	44) 3 + 4	45) 3 + 3	46) 5 + 4	47) 6 + 5	48) 6 + 3
49) 3 + 4	50) 1 + 7	51) 2 + 2	52) 4 + 5	53) 0 + 0	54) 7 + 1
55) 2 + 0	56) 6 + 4	57) 1 + 5	58) 3 + 6	59) 5 + 5	60) 5 + 2

DAY - 14

NAME. _____   SCORE: ___ / 60   TIME. _____

1) 4 + 5	2) 1 + 3	3) 6 + 7	4) 2 + 6	5) 5 + 5	6) 6 + 3
7) 5 + 7	8) 6 + 1	9) 4 + 1	10) 5 + 3	11) 5 + 0	12) 4 + 2
13) 5 + 0	14) 3 + 6	15) 6 + 6	16) 5 + 5	17) 1 + 5	18) 2 + 1
19) 5 + 5	20) 6 + 7	21) 1 + 1	22) 2 + 4	23) 6 + 5	24) 2 + 6
25) 7 + 6	26) 4 + 3	27) 0 + 0	28) 3 + 2	29) 4 + 2	30) 0 + 6
31) 7 + 4	32) 3 + 1	33) 6 + 3	34) 6 + 1	35) 1 + 2	36) 7 + 2
37) 3 + 6	38) 4 + 6	39) 2 + 0	40) 2 + 7	41) 2 + 1	42) 3 + 6
43) 6 + 5	44) 4 + 2	45) 2 + 1	46) 4 + 0	47) 6 + 3	48) 4 + 2
49) 2 + 5	50) 3 + 5	51) 1 + 5	52) 1 + 7	53) 1 + 0	54) 4 + 4
55) 5 + 2	56) 6 + 6	57) 2 + 7	58) 2 + 4	59) 6 + 5	60) 5 + 1

DAY - 15

NAME. SCORE: /60 TIME.

1) 2 + 2	2) 2 + 3	3) 1 + 4	4) 7 + 5	5) 0 + 6	6) 6 + 3
7) 4 + 6	8) 4 + 1	9) 4 + 2	10) 7 + 6	11) 6 + 2	12) 5 + 3
13) 7 + 3	14) 1 + 7	15) 3 + 6	16) 4 + 5	17) 4 + 2	18) 1 + 3
19) 2 + 2	20) 3 + 3	21) 2 + 7	22) 7 + 4	23) 4 + 4	24) 3 + 6
25) 2 + 6	26) 4 + 4	27) 5 + 4	28) 3 + 6	29) 4 + 1	30) 2 + 5
31) 6 + 5	32) 4 + 6	33) 7 + 5	34) 6 + 2	35) 1 + 7	36) 2 + 2
37) 4 + 0	38) 5 + 6	39) 1 + 7	40) 2 + 7	41) 2 + 1	42) 7 + 4
43) 6 + 3	44) 3 + 4	45) 4 + 6	46) 1 + 1	47) 0 + 0	48) 6 + 5
49) 6 + 5	50) 4 + 5	51) 0 + 6	52) 7 + 6	53) 1 + 3	54) 3 + 7
55) 0 + 2	56) 1 + 6	57) 6 + 3	58) 0 + 2	59) 1 + 7	60) 1 + 4

DAY - 16

NAME. _____ SCORE: /60 TIME.

1) 1 + 3	2) 3 + 6	3) 1 + 1	4) 5 + 6	5) 1 + 6	6) 4 + 4
7) 2 + 2	8) 1 + 6	9) 6 + 3	10) 0 + 6	11) 6 + 2	12) 1 + 7
13) 5 + 4	14) 2 + 6	15) 4 + 2	16) 2 + 1	17) 5 + 0	18) 2 + 6
19) 3 + 2	20) 3 + 1	21) 5 + 2	22) 3 + 4	23) 1 + 6	24) 2 + 5
25) 2 + 0	26) 6 + 2	27) 7 + 2	28) 1 + 5	29) 1 + 5	30) 3 + 5
31) 5 + 4	32) 6 + 1	33) 2 + 7	34) 6 + 0	35) 1 + 4	36) 1 + 0
37) 1 + 3	38) 4 + 6	39) 6 + 2	40) 6 + 2	41) 1 + 2	42) 3 + 0
43) 6 + 6	44) 2 + 4	45) 6 + 2	46) 2 + 4	47) 6 + 5	48) 3 + 5
49) 1 + 0	50) 1 + 0	51) 1 + 7	52) 2 + 5	53) 3 + 2	54) 3 + 4
55) 5 + 4	56) 4 + 4	57) 7 + 4	58) 0 + 2	59) 2 + 3	60) 5 + 3

DAY - 17

NAME. _____ SCORE: ___ /60 TIME. ___

1. 10 + 2	2. 9 + 1	3. 9 + 3	4. 5 + 6	5. 6 + 2	6. 10 + 5
7. 6 + 2	8. 4 + 6	9. 0 + 6	10. 6 + 3	11. 2 + 4	12. 10 + 3
13. 1 + 0	14. 3 + 5	15. 1 + 7	16. 6 + 3	17. 3 + 7	18. 9 + 1
19. 7 + 0	20. 2 + 9	21. 6 + 8	22. 10 + 1	23. 8 + 3	24. 9 + 6
25. 8 + 9	26. 7 + 8	27. 6 + 10	28. 1 + 6	29. 8 + 9	30. 3 + 2
31. 8 + 7	32. 3 + 3	33. 2 + 0	34. 3 + 2	35. 1 + 9	36. 10 + 6
37. 7 + 0	38. 1 + 9	39. 8 + 0	40. 1 + 8	41. 3 + 3	42. 4 + 2
43. 3 + 3	44. 8 + 3	45. 4 + 6	46. 4 + 5	47. 9 + 0	48. 4 + 1
49. 8 + 3	50. 2 + 0	51. 1 + 7	52. 5 + 6	53. 8 + 5	54. 1 + 8
55. 5 + 2	56. 7 + 2	57. 6 + 9	58. 5 + 2	59. 0 + 5	60. 6 + 7

DAY - 18

NAME.
SCORE: / 60
TIME.

1. 9 + 4	2. 6 + 2	3. 2 + 10	4. 6 + 3	5. 3 + 7	6. 10 + 9
7. 9 + 6	8. 7 + 9	9. 9 + 7	10. 4 + 3	11. 0 + 1	12. 1 + 9
13. 5 + 5	14. 1 + 3	15. 7 + 5	16. 2 + 10	17. 7 + 6	18. 4 + 1
19. 3 + 1	20. 10 + 5	21. 3 + 7	22. 5 + 7	23. 5 + 6	24. 5 + 7
25. 7 + 1	26. 6 + 10	27. 8 + 7	28. 7 + 5	29. 2 + 5	30. 2 + 1
31. 9 + 7	32. 7 + 1	33. 7 + 8	34. 1 + 4	35. 6 + 8	36. 8 + 0
37. 6 + 1	38. 5 + 4	39. 5 + 7	40. 1 + 1	41. 5 + 7	42. 6 + 2
43. 8 + 1	44. 8 + 2	45. 6 + 6	46. 6 + 6	47. 5 + 2	48. 3 + 9
49. 8 + 5	50. 1 + 9	51. 5 + 2	52. 3 + 7	53. 4 + 3	54. 1 + 2
55. 5 + 2	56. 6 + 7	57. 0 + 8	58. 1 + 9	59. 2 + 10	60. 4 + 3

DAY - 19

1. 2 + 4	2. 9 + 4	3. 1 + 4	4. 3 + 3	5. 5 + 4	6. 8 + 2
7. 4 + 2	8. 5 + 0	9. 1 + 9	10. 1 + 10	11. 4 + 2	12. 10 + 0
13. 8 + 4	14. 3 + 3	15. 8 + 7	16. 1 + 6	17. 5 + 1	18. 9 + 9
19. 8 + 0	20. 9 + 3	21. 9 + 5	22. 6 + 8	23. 2 + 2	24. 7 + 2
25. 3 + 9	26. 7 + 3	27. 6 + 6	28. 6 + 1	29. 9 + 4	30. 1 + 7
31. 5 + 5	32. 5 + 9	33. 10 + 6	34. 1 + 9	35. 9 + 3	36. 7 + 1
37. 1 + 1	38. 9 + 1	39. 3 + 9	40. 7 + 2	41. 8 + 7	42. 4 + 3
43. 1 + 2	44. 7 + 4	45. 9 + 7	46. 3 + 8	47. 6 + 4	48. 8 + 0
49. 0 + 8	50. 8 + 3	51. 5 + 2	52. 6 + 1	53. 2 + 7	54. 3 + 4
55. 1 + 5	56. 3 + 4	57. 7 + 7	58. 9 + 4	59. 0 + 10	60. 2 + 10

DAY - 20

NAME. ___ SCORE: ___ / 60 TIME. ___

1) 7 + 1	2) 5 + 6	3) 1 + 2	4) 4 + 9	5) 8 + 5	6) 9 + 4
7) 9 + 7	8) 2 + 6	9) 5 + 1	10) 3 + 5	11) 7 + 1	12) 8 + 2
13) 2 + 8	14) 0 + 8	15) 9 + 4	16) 9 + 7	17) 5 + 4	18) 2 + 2
19) 6 + 10	20) 7 + 6	21) 1 + 3	22) 5 + 3	23) 4 + 5	24) 7 + 2
25) 8 + 2	26) 6 + 2	27) 3 + 1	28) 4 + 4	29) 2 + 4	30) 6 + 3
31) 7 + 8	32) 8 + 5	33) 7 + 9	34) 8 + 3	35) 4 + 4	36) 1 + 3
37) 9 + 2	38) 8 + 7	39) 6 + 5	40) 6 + 10	41) 5 + 5	42) 3 + 2
43) 3 + 8	44) 1 + 2	45) 8 + 9	46) 3 + 2	47) 1 + 5	48) 9 + 4
49) 7 + 2	50) 2 + 1	51) 2 + 0	52) 1 + 9	53) 0 + 7	54) 0 + 4
55) 7 + 4	56) 8 + 8	57) 7 + 4	58) 5 + 4	59) 1 + 3	60) 3 + 0

DAY - 21

NAME.   SCORE: / 60   TIME.

1. 8 + 3	2. 6 + 2	3. 8 + 4	4. 8 + 8	5. 5 + 8	6. 3 + 8
7. 3 + 1	8. 5 + 4	9. 6 + 5	10. 1 + 6	11. 4 + 3	12. 8 + 0
13. 6 + 5	14. 2 + 5	15. 0 + 4	16. 7 + 2	17. 9 + 7	18. 6 + 9
19. 3 + 3	20. 2 + 5	21. 1 + 6	22. 6 + 5	23. 1 + 10	24. 9 + 2
25. 1 + 2	26. 8 + 1	27. 7 + 4	28. 3 + 8	29. 8 + 3	30. 7 + 4
31. 6 + 7	32. 1 + 7	33. 9 + 4	34. 10 + 10	35. 8 + 1	36. 9 + 6
37. 8 + 4	38. 4 + 5	39. 4 + 8	40. 3 + 7	41. 1 + 5	42. 8 + 0
43. 5 + 10	44. 2 + 9	45. 6 + 5	46. 2 + 8	47. 4 + 10	48. 1 + 3
49. 7 + 4	50. 2 + 7	51. 9 + 6	52. 1 + 0	53. 6 + 2	54. 5 + 10
55. 2 + 9	56. 4 + 0	57. 7 + 5	58. 8 + 7	59. 5 + 3	60. 8 + 5

DAY - 22

NAME. **SCORE: / 60** **TIME.**

#		#		#		#		#		#	
1	4 + 4	2	3 + 10	3	10 + 0	4	7 + 6	5	8 + 7	6	8 + 9
7	10 + 4	8	6 + 3	9	2 + 1	10	8 + 7	11	0 + 8	12	7 + 6
13	6 + 6	14	0 + 3	15	6 + 2	16	1 + 4	17	4 + 6	18	5 + 2
19	5 + 9	20	3 + 2	21	6 + 2	22	5 + 2	23	8 + 1	24	3 + 10
25	10 + 6	26	8 + 9	27	2 + 1	28	0 + 5	29	0 + 4	30	7 + 1
31	4 + 9	32	7 + 9	33	6 + 7	34	4 + 10	35	4 + 4	36	7 + 0
37	5 + 6	38	7 + 6	39	4 + 9	40	9 + 7	41	1 + 1	42	2 + 10
43	1 + 8	44	6 + 7	45	8 + 5	46	6 + 3	47	0 + 1	48	5 + 4
49	6 + 9	50	5 + 8	51	7 + 3	52	9 + 7	53	4 + 9	54	6 + 5
55	8 + 7	56	6 + 7	57	7 + 6	58	5 + 3	59	3 + 2	60	5 + 2

DAY - 23

NAME.
SCORE: /60
TIME.

#		#		#		#		#		#	
1	5 + 8	2	8 + 3	3	1 + 7	4	2 + 4	5	4 + 1	6	6 + 8
7	3 + 6	8	5 + 3	9	7 + 1	10	5 + 1	11	2 + 4	12	9 + 10
13	2 + 6	14	3 + 6	15	7 + 5	16	10 + 5	17	6 + 2	18	2 + 1
19	7 + 9	20	10 + 1	21	4 + 2	22	2 + 10	23	2 + 3	24	8 + 6
25	9 + 5	26	10 + 3	27	7 + 4	28	1 + 10	29	7 + 5	30	9 + 8
31	8 + 8	32	5 + 4	33	7 + 7	34	5 + 9	35	3 + 9	36	10 + 8
37	8 + 9	38	8 + 1	39	7 + 5	40	7 + 3	41	4 + 4	42	9 + 9
43	4 + 8	44	3 + 5	45	0 + 4	46	7 + 0	47	2 + 6	48	2 + 4
49	7 + 2	50	8 + 3	51	7 + 9	52	6 + 8	53	1 + 9	54	2 + 6
55	1 + 9	56	1 + 9	57	7 + 1	58	2 + 5	59	2 + 3	60	2 + 3

DAY - 24

NAME. **SCORE: / 60** **TIME.**

1) 6 + 7	2) 4 + 6	3) 3 + 7	4) 8 + 3	5) 1 + 7	6) 10 + 7
7) 1 + 5	8) 1 + 10	9) 5 + 1	10) 5 + 1	11) 4 + 1	12) 9 + 3
13) 3 + 5	14) 6 + 4	15) 5 + 7	16) 8 + 1	17) 4 + 9	18) 3 + 5
19) 8 + 7	20) 8 + 2	21) 8 + 7	22) 1 + 2	23) 5 + 9	24) 7 + 1
25) 4 + 7	26) 6 + 7	27) 3 + 0	28) 6 + 0	29) 3 + 4	30) 3 + 6
31) 2 + 7	32) 3 + 0	33) 2 + 1	34) 6 + 8	35) 1 + 8	36) 2 + 4
37) 10 + 9	38) 9 + 4	39) 4 + 3	40) 0 + 7	41) 1 + 5	42) 9 + 10
43) 3 + 1	44) 5 + 1	45) 4 + 1	46) 8 + 5	47) 2 + 4	48) 4 + 2
49) 3 + 10	50) 5 + 4	51) 3 + 3	52) 8 + 6	53) 8 + 6	54) 7 + 0
55) 9 + 9	56) 4 + 9	57) 8 + 9	58) 6 + 2	59) 1 + 2	60) 8 + 0

DAY - 25

NAME. ___ SCORE: /60 TIME. ___

1) **0** + **8**	2) **7** + **6**	3) **6** + **4**	4) **8** + **6**	5) **3** + **9**	6) **1** + **6**
7) **7** + **10**	8) **1** + **8**	9) **5** + **5**	10) **1** + **6**	11) **8** + **6**	12) **3** + **5**
13) **1** + **6**	14) **6** + **7**	15) **6** + **8**	16) **8** + **1**	17) **4** + **1**	18) **9** + **4**
19) **8** + **5**	20) **3** + **4**	21) **7** + **2**	22) **8** + **4**	23) **9** + **2**	24) **8** + **2**
25) **7** + **7**	26) **3** + **2**	27) **9** + **9**	28) **9** + **5**	29) **9** + **3**	30) **7** + **4**
31) **2** + **7**	32) **6** + **1**	33) **3** + **7**	34) **1** + **4**	35) **6** + **4**	36) **5** + **1**
37) **4** + **5**	38) **7** + **8**	39) **0** + **3**	40) **6** + **5**	41) **6** + **4**	42) **7** + **6**
43) **1** + **2**	44) **1** + **3**	45) **7** + **4**	46) **2** + **4**	47) **3** + **3**	48) **5** + **5**
49) **7** + **6**	50) **5** + **4**	51) **4** + **5**	52) **8** + **2**	53) **6** + **6**	54) **0** + **5**
55) **4** + **2**	56) **5** + **8**	57) **2** + **2**	58) **5** + **4**	59) **1** + **2**	60) **3** + **8**

DAY - 26

NAME. _____ SCORE: /60 TIME. _____

1) 7 + 2	2) 7 + 0	3) 6 + 8	4) 4 + 7	5) 5 + 7	6) 6 + 7
7) 4 + 5	8) 2 + 5	9) 7 + 1	10) 7 + 9	11) 6 + 8	12) 7 + 6
13) 7 + 4	14) 3 + 4	15) 6 + 0	16) 9 + 8	17) 6 + 7	18) 8 + 2
19) 0 + 2	20) 1 + 10	21) 3 + 8	22) 4 + 5	23) 2 + 3	24) 4 + 2
25) 5 + 3	26) 2 + 5	27) 6 + 5	28) 1 + 8	29) 9 + 6	30) 8 + 7
31) 3 + 1	32) 2 + 6	33) 2 + 1	34) 4 + 3	35) 2 + 5	36) 2 + 7
37) 6 + 6	38) 4 + 4	39) 3 + 4	40) 5 + 7	41) 3 + 7	42) 7 + 9
43) 5 + 9	44) 9 + 1	45) 7 + 5	46) 6 + 2	47) 8 + 2	48) 9 + 10
49) 8 + 8	50) 5 + 9	51) 9 + 7	52) 7 + 7	53) 2 + 5	54) 10 + 7
55) 7 + 2	56) 9 + 1	57) 2 + 7	58) 0 + 6	59) 10 + 8	60) 1 + 8

DAY - 27

NAME. **SCORE: /60** **TIME.**

1) 4 + 5	2) 7 + 2	3) 8 + 7	4) 8 + 9	5) 4 + 3	6) 6 + 8
7) 10 + 9	8) 4 + 10	9) 6 + 0	10) 4 + 7	11) 6 + 1	12) 8 + 2
13) 4 + 8	14) 2 + 3	15) 5 + 0	16) 9 + 9	17) 9 + 2	18) 1 + 7
19) 7 + 4	20) 2 + 7	21) 8 + 7	22) 8 + 1	23) 9 + 6	24) 6 + 1
25) 8 + 7	26) 1 + 3	27) 7 + 7	28) 9 + 8	29) 3 + 1	30) 6 + 1
31) 1 + 1	32) 7 + 0	33) 1 + 8	34) 7 + 10	35) 8 + 0	36) 7 + 9
37) 9 + 9	38) 3 + 7	39) 0 + 9	40) 7 + 10	41) 5 + 9	42) 0 + 0
43) 3 + 1	44) 2 + 7	45) 2 + 4	46) 4 + 7	47) 9 + 7	48) 9 + 4
49) 1 + 9	50) 0 + 1	51) 1 + 2	52) 7 + 8	53) 7 + 6	54) 6 + 9
55) 1 + 2	56) 4 + 7	57) 8 + 3	58) 8 + 9	59) 0 + 1	60) 7 + 0

DAY - 28

NAME. SCORE: /60 TIME.

1) 7 + 1
2) 2 + 8
3) 5 + 10
4) 1 + 2
5) 6 + 10
6) 8 + 2

7) 8 + 3
8) 1 + 2
9) 4 + 5
10) 5 + 4
11) 2 + 4
12) 5 + 5

13) 10 + 4
14) 3 + 10
15) 10 + 8
16) 10 + 4
17) 7 + 5
18) 3 + 5

19) 0 + 2
20) 1 + 0
21) 7 + 4
22) 7 + 2
23) 8 + 7
24) 4 + 3

25) 4 + 8
26) 2 + 7
27) 3 + 8
28) 1 + 4
29) 2 + 6
30) 3 + 7

31) 4 + 5
32) 4 + 7
33) 2 + 3
34) 10 + 7
35) 3 + 5
36) 2 + 1

37) 2 + 2
38) 3 + 8
39) 3 + 9
40) 9 + 4
41) 5 + 5
42) 0 + 2

43) 9 + 2
44) 3 + 0
45) 8 + 4
46) 9 + 6
47) 0 + 1
48) 2 + 5

49) 9 + 10
50) 8 + 3
51) 8 + 3
52) 1 + 5
53) 4 + 2
54) 3 + 7

55) 7 + 6
56) 7 + 3
57) 9 + 8
58) 6 + 7
59) 2 + 6
60) 2 + 1

DAY - 29

NAME.
SCORE: / 60
TIME.

1) 0 + 0	2) 5 + 4	3) 7 + 1	4) 3 + 9	5) 0 + 2	6) 8 + 4
7) 8 + 4	8) 5 + 9	9) 2 + 9	10) 10 + 2	11) 9 + 5	12) 9 + 8
13) 0 + 9	14) 5 + 4	15) 7 + 0	16) 10 + 2	17) 6 + 9	18) 5 + 7
19) 8 + 8	20) 7 + 1	21) 8 + 4	22) 9 + 1	23) 8 + 3	24) 2 + 6
25) 2 + 7	26) 3 + 8	27) 9 + 9	28) 9 + 2	29) 6 + 4	30) 2 + 7
31) 1 + 10	32) 9 + 5	33) 2 + 10	34) 4 + 10	35) 1 + 8	36) 7 + 7
37) 5 + 3	38) 7 + 1	39) 6 + 9	40) 3 + 4	41) 2 + 7	42) 5 + 8
43) 6 + 6	44) 7 + 5	45) 3 + 5	46) 7 + 7	47) 0 + 9	48) 0 + 1
49) 5 + 1	50) 4 + 4	51) 3 + 4	52) 7 + 6	53) 1 + 1	54) 2 + 1
55) 1 + 7	56) 8 + 8	57) 0 + 1	58) 3 + 5	59) 7 + 3	60) 3 + 4

DAY - 30

NAME. **SCORE: / 60** **TIME.**

1. 0 + 4	2. 9 + 6	3. 2 + 2	4. 4 + 0	5. 1 + 5	6. 0 + 8
7. 4 + 6	8. 1 + 9	9. 2 + 9	10. 1 + 0	11. 6 + 6	12. 1 + 4
13. 10 + 2	14. 4 + 8	15. 2 + 5	16. 2 + 7	17. 2 + 1	18. 5 + 5
19. 9 + 7	20. 9 + 4	21. 9 + 9	22. 7 + 1	23. 10 + 5	24. 5 + 3
25. 6 + 6	26. 4 + 10	27. 6 + 10	28. 7 + 2	29. 2 + 3	30. 0 + 7
31. 7 + 2	32. 6 + 5	33. 5 + 3	34. 10 + 2	35. 6 + 6	36. 10 + 8
37. 9 + 0	38. 2 + 9	39. 5 + 5	40. 9 + 5	41. 8 + 7	42. 4 + 9
43. 6 + 8	44. 5 + 1	45. 8 + 6	46. 1 + 4	47. 7 + 7	48. 5 + 9
49. 10 + 1	50. 1 + 1	51. 6 + 7	52. 5 + 6	53. 5 + 2	54. 5 + 9
55. 6 + 10	56. 8 + 2	57. 1 + 3	58. 6 + 6	59. 4 + 4	60. 8 + 4

DAY - 31

NAME. _____ SCORE: ___ / 60 TIME. ___

1. 4 + 3	2. 2 + 1	3. 4 + 7	4. 4 + 5	5. 6 + 2	6. 3 + 7
7. 7 + 1	8. 4 + 8	9. 10 + 3	10. 8 + 5	11. 3 + 8	12. 7 + 7
13. 8 + 6	14. 1 + 7	15. 3 + 4	16. 2 + 9	17. 5 + 7	18. 3 + 4
19. 9 + 2	20. 5 + 2	21. 7 + 9	22. 3 + 1	23. 1 + 4	24. 9 + 1
25. 1 + 6	26. 7 + 9	27. 5 + 8	28. 10 + 6	29. 1 + 2	30. 5 + 6
31. 4 + 2	32. 3 + 2	33. 2 + 7	34. 1 + 4	35. 4 + 1	36. 2 + 4
37. 0 + 5	38. 1 + 3	39. 5 + 3	40. 6 + 10	41. 2 + 5	42. 5 + 7
43. 6 + 9	44. 5 + 5	45. 9 + 7	46. 4 + 7	47. 3 + 10	48. 2 + 1
49. 4 + 2	50. 4 + 5	51. 8 + 0	52. 9 + 6	53. 1 + 6	54. 5 + 2
55. 4 + 1	56. 10 + 2	57. 6 + 6	58. 10 + 2	59. 8 + 2	60. 4 + 6

DAY - 32

SCORE: / 60

1) 10 + 7

2) 2 + 9

3) 6 + 9

4) 9 + 1

5) 7 + 10

6) 6 + 1

7) 4 + 4

8) 9 + 7

9) 2 + 2

10) 0 + 2

11) 1 + 4

12) 2 + 1

13) 9 + 5

14) 2 + 10

15) 2 + 0

16) 3 + 4

17) 8 + 4

18) 6 + 8

19) 3 + 9

20) 0 + 8

21) 2 + 10

22) 2 + 1

23) 5 + 8

24) 2 + 8

25) 10 + 10

26) 7 + 6

27) 6 + 8

28) 7 + 8

29) 8 + 7

30) 8 + 10

31) 5 + 8

32) 9 + 6

33) 4 + 4

34) 6 + 7

35) 1 + 2

36) 7 + 8

37) 2 + 0

38) 1 + 4

39) 5 + 9

40) 9 + 6

41) 7 + 1

42) 1 + 7

43) 2 + 8

44) 9 + 5

45) 10 + 2

46) 1 + 1

47) 1 + 4

48) 8 + 8

49) 4 + 8

50) 9 + 9

51) 2 + 3

52) 10 + 9

53) 0 + 3

54) 6 + 9

55) 3 + 2

56) 4 + 0

57) 1 + 10

58) 3 + 7

59) 2 + 2

60) 2 + 8

DAY - 33

NAME. ___ SCORE: /60 TIME.

1) 5 + 1	2) 4 + 3	3) 9 + 2	4) 9 + 1	5) 1 + 4	6) 8 + 6
7) 0 + 2	8) 1 + 3	9) 4 + 2	10) 1 + 1	11) 6 + 1	12) 4 + 8
13) 4 + 7	14) 3 + 7	15) 6 + 7	16) 7 + 10	17) 9 + 10	18) 5 + 4
19) 10 + 9	20) 4 + 5	21) 8 + 2	22) 0 + 8	23) 8 + 7	24) 7 + 3
25) 4 + 9	26) 0 + 3	27) 4 + 5	28) 8 + 1	29) 9 + 0	30) 7 + 8
31) 1 + 6	32) 8 + 8	33) 4 + 7	34) 5 + 3	35) 7 + 5	36) 4 + 10
37) 8 + 1	38) 3 + 6	39) 9 + 3	40) 4 + 1	41) 8 + 1	42) 2 + 8
43) 8 + 8	44) 3 + 2	45) 8 + 5	46) 1 + 8	47) 8 + 7	48) 10 + 1
49) 1 + 3	50) 4 + 1	51) 8 + 0	52) 8 + 5	53) 2 + 8	54) 0 + 6
55) 8 + 0	56) 9 + 1	57) 7 + 4	58) 4 + 5	59) 6 + 8	60) 3 + 3

DAY - 34

NAME.
SCORE: /60
TIME.

1) 8 + 7	2) 4 + 7	3) 0 + 10	4) 10 + 9	5) 10 + 6	6) 7 + 5
7) 9 + 5	8) 1 + 0	9) 7 + 8	10) 9 + 7	11) 9 + 8	12) 7 + 2
13) 10 + 6	14) 5 + 0	15) 6 + 9	16) 6 + 3	17) 9 + 7	18) 4 + 2
19) 4 + 2	20) 4 + 3	21) 9 + 3	22) 9 + 2	23) 3 + 1	24) 5 + 7
25) 2 + 10	26) 9 + 3	27) 5 + 9	28) 8 + 5	29) 4 + 2	30) 3 + 3
31) 7 + 1	32) 8 + 2	33) 7 + 2	34) 10 + 6	35) 6 + 9	36) 7 + 10
37) 2 + 2	38) 5 + 4	39) 1 + 2	40) 3 + 8	41) 7 + 1	42) 9 + 1
43) 5 + 5	44) 8 + 5	45) 7 + 1	46) 8 + 7	47) 7 + 6	48) 2 + 4
49) 0 + 6	50) 5 + 1	51) 3 + 9	52) 3 + 1	53) 2 + 10	54) 0 + 3
55) 9 + 10	56) 2 + 4	57) 9 + 2	58) 2 + 5	59) 4 + 2	60) 4 + 7

DAY - 35

NAME. ___ SCORE: ___ / 60 TIME. ___

1) 1 + 3	2) 7 + 2	3) 7 + 1	4) 0 + 8	5) 6 + 5	6) 9 + 2
7) 9 + 5	8) 8 + 6	9) 1 + 6	10) 5 + 6	11) 2 + 8	12) 0 + 6
13) 8 + 4	14) 9 + 9	15) 8 + 8	16) 3 + 1	17) 6 + 8	18) 2 + 10
19) 8 + 5	20) 1 + 7	21) 5 + 6	22) 9 + 1	23) 5 + 9	24) 5 + 2
25) 8 + 4	26) 4 + 6	27) 3 + 5	28) 9 + 7	29) 7 + 1	30) 8 + 0
31) 1 + 3	32) 4 + 7	33) 4 + 7	34) 1 + 10	35) 4 + 0	36) 8 + 2
37) 4 + 8	38) 6 + 3	39) 1 + 7	40) 8 + 1	41) 7 + 7	42) 9 + 7
43) 2 + 0	44) 2 + 7	45) 3 + 4	46) 7 + 1	47) 1 + 5	48) 1 + 7
49) 9 + 5	50) 7 + 6	51) 4 + 8	52) 10 + 5	53) 7 + 10	54) 8 + 8
55) 4 + 2	56) 2 + 8	57) 6 + 1	58) 6 + 5	59) 9 + 5	60) 10 + 3

DAY - 36

1. 5 + 5	2. 6 + 10	3. 8 + 3	4. 4 + 5	5. 7 + 7	6. 1 + 4
7. 4 + 1	8. 7 + 6	9. 10 + 3	10. 4 + 7	11. 4 + 7	12. 5 + 1
13. 10 + 7	14. 8 + 1	15. 5 + 0	16. 4 + 6	17. 9 + 6	18. 10 + 1
19. 7 + 5	20. 3 + 2	21. 9 + 4	22. 10 + 8	23. 4 + 1	24. 0 + 2
25. 3 + 1	26. 8 + 4	27. 8 + 4	28. 2 + 5	29. 8 + 8	30. 0 + 4
31. 7 + 8	32. 0 + 2	33. 4 + 1	34. 3 + 6	35. 6 + 5	36. 5 + 4
37. 2 + 1	38. 6 + 10	39. 5 + 9	40. 8 + 6	41. 3 + 4	42. 9 + 2
43. 8 + 3	44. 3 + 9	45. 5 + 10	46. 1 + 6	47. 0 + 6	48. 4 + 5
49. 0 + 8	50. 0 + 1	51. 2 + 8	52. 2 + 8	53. 4 + 8	54. 4 + 9
55. 8 + 4	56. 6 + 2	57. 5 + 5	58. 4 + 9	59. 1 + 8	60. 6 + 8

DAY - 37

1. 4 + 9
2. 6 + 2
3. 7 + 7
4. 4 + 9
5. 7 + 1
6. 0 + 0
7. 0 + 3
8. 0 + 6
9. 3 + 1
10. 3 + 5
11. 3 + 10
12. 0 + 1
13. 0 + 6
14. 5 + 5
15. 10 + 1
16. 1 + 7
17. 3 + 3
18. 3 + 7
19. 9 + 1
20. 1 + 9
21. 2 + 9
22. 4 + 2
23. 3 + 9
24. 0 + 8
25. 3 + 2
26. 4 + 10
27. 2 + 2
28. 10 + 4
29. 10 + 3
30. 1 + 6
31. 4 + 3
32. 8 + 4
33. 1 + 2
34. 9 + 4
35. 7 + 1
36. 1 + 1
37. 7 + 6
38. 6 + 6
39. 8 + 5
40. 2 + 7
41. 7 + 8
42. 6 + 7
43. 6 + 6
44. 2 + 4
45. 1 + 8
46. 1 + 3
47. 8 + 10
48. 6 + 8
49. 3 + 0
50. 5 + 5
51. 8 + 2
52. 8 + 6
53. 7 + 9
54. 7 + 4
55. 10 + 7
56. 1 + 1
57. 1 + 4
58. 3 + 9
59. 2 + 1
60. 9 + 4

DAY - 38

NAME. _____ SCORE: ___/60 TIME. ___

1. 5 + 0	2. 9 + 3	3. 8 + 5	4. 4 + 5	5. 9 + 5	6. 1 + 8
7. 10 + 2	8. 3 + 8	9. 6 + 7	10. 1 + 7	11. 8 + 10	12. 3 + 7
13. 0 + 4	14. 6 + 8	15. 6 + 3	16. 9 + 2	17. 5 + 7	18. 5 + 5
19. 6 + 8	20. 1 + 7	21. 4 + 6	22. 3 + 1	23. 7 + 4	24. 4 + 8
25. 3 + 1	26. 2 + 0	27. 5 + 10	28. 6 + 2	29. 5 + 3	30. 9 + 2
31. 0 + 2	32. 5 + 3	33. 9 + 9	34. 10 + 7	35. 7 + 6	36. 7 + 1
37. 3 + 3	38. 6 + 2	39. 5 + 4	40. 6 + 1	41. 5 + 4	42. 8 + 0
43. 4 + 7	44. 3 + 7	45. 8 + 5	46. 6 + 6	47. 3 + 0	48. 9 + 9
49. 9 + 8	50. 5 + 10	51. 9 + 6	52. 4 + 1	53. 0 + 0	54. 4 + 6
55. 9 + 1	56. 6 + 1	57. 4 + 2	58. 8 + 6	59. 3 + 3	60. 3 + 7

DAY - 39

NAME.   SCORE: /60   TIME.

1. 9 + 1
2. 6 + 6
3. 9 + 3
4. 8 + 6
5. 2 + 1
6. 4 + 9

7. 3 + 5
8. 6 + 7
9. 6 + 8
10. 10 + 6
11. 3 + 6
12. 3 + 5

13. 8 + 9
14. 2 + 1
15. 6 + 7
16. 6 + 3
17. 0 + 9
18. 3 + 8

19. 5 + 1
20. 3 + 7
21. 0 + 1
22. 2 + 2
23. 0 + 3
24. 4 + 9

25. 8 + 4
26. 8 + 4
27. 6 + 7
28. 3 + 0
29. 10 + 6
30. 3 + 8

31. 2 + 3
32. 2 + 7
33. 6 + 3
34. 5 + 9
35. 5 + 10
36. 1 + 10

37. 7 + 1
38. 8 + 1
39. 0 + 4
40. 10 + 2
41. 4 + 8
42. 4 + 9

43. 0 + 5
44. 4 + 0
45. 9 + 7
46. 5 + 7
47. 8 + 6
48. 1 + 6

49. 6 + 4
50. 4 + 9
51. 1 + 1
52. 6 + 8
53. 3 + 0
54. 5 + 9

55. 5 + 3
56. 9 + 8
57. 9 + 7
58. 7 + 6
59. 5 + 7
60. 2 + 7

DAY - 40

NAME. SCORE: /60 TIME.

1) 9 + 1	2) 5 + 10	3) 6 + 6	4) 2 + 6	5) 6 + 8	6) 8 + 10
7) 7 + 5	8) 8 + 1	9) 2 + 9	10) 2 + 8	11) 6 + 8	12) 2 + 4
13) 6 + 6	14) 4 + 4	15) 1 + 3	16) 5 + 8	17) 7 + 5	18) 8 + 5
19) 2 + 3	20) 1 + 9	21) 6 + 8	22) 9 + 3	23) 4 + 7	24) 10 + 0
25) 10 + 5	26) 6 + 2	27) 9 + 2	28) 5 + 9	29) 9 + 5	30) 1 + 4
31) 5 + 1	32) 6 + 2	33) 10 + 5	34) 7 + 9	35) 5 + 7	36) 4 + 9
37) 7 + 9	38) 3 + 8	39) 7 + 5	40) 4 + 4	41) 9 + 8	42) 1 + 5
43) 9 + 4	44) 4 + 3	45) 9 + 4	46) 6 + 9	47) 10 + 0	48) 6 + 8
49) 1 + 3	50) 2 + 9	51) 6 + 10	52) 1 + 10	53) 2 + 8	54) 8 + 3
55) 2 + 6	56) 4 + 7	57) 3 + 8	58) 0 + 10	59) 5 + 1	60) 3 + 1

DAY - 41

NAME. ___ SCORE: ___/60 TIME. ___

1) 10 - 4	2) 9 - 3	3) 7 - 2	4) 7 - 2	5) 6 - 4	6) 9 - 3
7) 7 - 3	8) 6 - 4	9) 5 - 0	10) 6 - 3	11) 10 - 5	12) 9 - 3
13) 8 - 1	14) 6 - 1	15) 8 - 4	16) 7 - 4	17) 6 - 2	18) 9 - 3
19) 6 - 4	20) 6 - 4	21) 8 - 2	22) 7 - 1	24) 7 - 1	24) 9 - 4
25) 10 - 3	26) 9 - 3	27) 9 - 2	28) 10 - 4	29) 6 - 3	30) 8 - 1
31) 6 - 2	32) 7 - 1	33) 9 - 4	34) 10 - 2	35) 6 - 5	36) 6 - 4
37) 9 - 1	38) 6 - 4	39) 10 - 4	40) 6 - 3	41) 7 - 1	42) 7 - 2
43) 7 - 4	44) 8 - 3	45) 7 - 2	46) 6 - 3	47) 6 - 4	48) 8 - 1
49) 8 - 5	50) 8 - 4	51) 9 - 3	52) 8 - 3	53) 10 - 0	54) 7 - 4
55) 8 - 2	56) 8 - 5	57) 10 - 3	58) 6 - 0	59) 5 - 2	60) 7 - 3

DAY - 42

NAME. **SCORE: /60** **TIME.**

1. 10 − 2	2. 9 − 3	3. 7 − 4	4. 5 − 0	5. 8 − 0	6. 8 − 5
7. 10 − 2	8. 8 − 4	9. 9 − 4	10. 6 − 1	11. 8 − 1	12. 7 − 3
13. 6 − 3	14. 6 − 0	15. 7 − 4	16. 6 − 3	17. 9 − 2	18. 7 − 3
19. 7 − 2	20. 8 − 1	21. 5 − 4	22. 8 − 3	24. 5 − 3	24. 10 − 4
25. 7 − 0	26. 6 − 0	27. 7 − 1	28. 8 − 0	29. 9 − 1	30. 10 − 0
31. 6 − 3	32. 8 − 0	33. 6 − 4	34. 8 − 5	35. 10 − 2	36. 7 − 1
37. 7 − 4	38. 7 − 4	39. 7 − 3	40. 7 − 2	41. 5 − 3	42. 8 − 1
43. 7 − 3	44. 9 − 0	45. 10 − 1	46. 10 − 3	47. 9 − 3	48. 9 − 3
49. 9 − 3	50. 6 − 3	51. 6 − 5	52. 5 − 1	53. 7 − 4	54. 6 − 5
55. 9 − 3	56. 5 − 0	57. 8 − 5	58. 6 − 0	59. 9 − 2	60. 8 − 3

DAY - 43

1. 5 − 4	2. 9 − 2	3. 9 − 2	4. 8 − 2	5. 8 − 4	6. 6 − 2
7. 7 − 0	8. 10 − 3	9. 7 − 3	10. 8 − 1	11. 7 − 3	12. 6 − 1
13. 7 − 2	14. 8 − 4	15. 10 − 4	16. 9 − 1	17. 9 − 3	18. 9 − 2
19. 5 − 1	20. 5 − 1	21. 6 − 3	22. 6 − 5	23. 6 − 0	24. 8 − 1
25. 9 − 4	26. 8 − 2	27. 6 − 3	28. 5 − 3	29. 9 − 4	30. 5 − 0
31. 10 − 5	32. 6 − 1	33. 6 − 5	34. 9 − 4	35. 8 − 0	36. 9 − 3
37. 7 − 1	38. 8 − 2	39. 10 − 5	40. 7 − 5	41. 8 − 4	42. 9 − 4
43. 9 − 2	44. 7 − 1	45. 7 − 1	46. 10 − 5	47. 8 − 0	48. 10 − 4
49. 10 − 3	50. 8 − 2	51. 9 − 5	52. 8 − 3	53. 9 − 3	54. 7 − 1
55. 9 − 4	56. 6 − 2	57. 8 − 1	58. 9 − 1	59. 8 − 2	60. 7 − 2

DAY - 44

SCORE: / 60

1. 9 − 2	2. 8 − 1	3. 7 − 1	4. 9 − 0	5. 9 − 5	6. 5 − 0
7. 7 − 3	8. 6 − 4	9. 8 − 0	10. 7 − 1	11. 9 − 3	12. 7 − 2
13. 6 − 4	14. 6 − 4	15. 7 − 3	16. 7 − 5	17. 7 − 4	18. 5 − 2
19. 6 − 1	20. 8 − 3	21. 7 − 3	22. 10 − 0	24. 5 − 1	24. 5 − 1
25. 6 − 3	26. 7 − 0	27. 8 − 1	28. 6 − 2	29. 8 − 4	30. 5 − 1
31. 9 − 2	32. 10 − 4	33. 5 − 4	34. 6 − 4	35. 5 − 2	36. 6 − 2
37. 5 − 1	38. 9 − 4	39. 9 − 2	40. 8 − 1	41. 9 − 4	42. 9 − 2
43. 10 − 1	44. 9 − 0	45. 10 − 3	46. 5 − 3	47. 8 − 5	48. 6 − 3
49. 7 − 1	50. 7 − 3	51. 9 − 3	52. 8 − 1	53. 10 − 4	54. 7 − 2
55. 10 − 0	56. 6 − 1	57. 9 − 5	58. 7 − 3	59. 8 − 5	60. 8 − 5

DAY - 45

NAME. _____ SCORE: /60 TIME.

1) 6 - 1	2) 9 - 2	3) 10 - 2	4) 6 - 4	5) 9 - 3	6) 6 - 2
7) 6 - 3	8) 9 - 4	9) 5 - 4	10) 8 - 2	11) 7 - 3	12) 6 - 3
13) 5 - 2	14) 8 - 4	15) 9 - 1	16) 6 - 1	17) 8 - 1	18) 7 - 2
19) 6 - 2	20) 10 - 4	21) 5 - 4	22) 10 - 3	24) 6 - 5	24) 8 - 0
25) 7 - 4	26) 8 - 3	27) 7 - 2	28) 6 - 5	29) 10 - 1	30) 6 - 4
31) 9 - 1	32) 8 - 4	33) 10 - 4	34) 7 - 4	35) 7 - 5	36) 8 - 5
37) 9 - 2	38) 7 - 4	39) 6 - 3	40) 5 - 1	41) 8 - 2	42) 8 - 4
43) 9 - 2	44) 6 - 0	45) 8 - 4	46) 10 - 2	47) 6 - 5	48) 7 - 0
49) 7 - 2	50) 7 - 4	51) 9 - 2	52) 7 - 4	53) 9 - 5	54) 5 - 3
55) 9 - 5	56) 7 - 0	57) 7 - 1	58) 7 - 2	59) 6 - 0	60) 9 - 0

DAY - 46

NAME.
SCORE: / 60
TIME.

1) 7 - 3	2) 9 - 4	3) 9 - 4	4) 9 - 1	5) 7 - 4	6) 8 - 2
7) 9 - 3	8) 8 - 4	9) 9 - 2	10) 9 - 3	11) 9 - 0	12) 9 - 3
13) 9 - 1	14) 8 - 1	15) 10 - 5	16) 5 - 5	17) 8 - 5	18) 7 - 3
19) 7 - 2	20) 10 - 0	21) 10 - 5	22) 10 - 0	23) 6 - 4	24) 9 - 2
25) 9 - 5	26) 6 - 5	27) 8 - 3	28) 8 - 4	29) 9 - 2	30) 8 - 3
31) 9 - 3	32) 5 - 3	33) 6 - 4	34) 7 - 0	35) 5 - 4	36) 5 - 4
37) 10 - 5	38) 6 - 3	39) 8 - 1	40) 7 - 4	41) 7 - 3	42) 6 - 1
43) 10 - 4	44) 7 - 4	45) 6 - 1	46) 8 - 1	47) 9 - 3	48) 6 - 3
49) 7 - 3	50) 6 - 1	51) 7 - 0	52) 6 - 4	53) 9 - 0	54) 7 - 3
55) 10 - 0	56) 9 - 2	57) 6 - 4	58) 8 - 4	59) 8 - 4	60) 10 - 2

DAY - 47

1) 6 - 1	2) 6 - 4	3) 6 - 5	4) 10 - 2	5) 9 - 5	6) 7 - 4
7) 5 - 1	8) 5 - 2	9) 6 - 3	10) 6 - 1	11) 9 - 1	12) 10 - 0
13) 8 - 2	14) 9 - 4	15) 8 - 3	16) 9 - 2	17) 7 - 4	18) 7 - 4
19) 9 - 4	20) 8 - 3	21) 8 - 4	22) 8 - 3	24) 8 - 1	24) 8 - 2
25) 9 - 0	26) 6 - 0	27) 10 - 1	28) 8 - 2	29) 7 - 2	30) 7 - 4
31) 8 - 0	32) 10 - 3	33) 8 - 5	34) 9 - 2	35) 7 - 3	36) 7 - 2
37) 6 - 5	38) 10 - 1	39) 6 - 1	40) 9 - 1	41) 5 - 3	42) 7 - 1
43) 8 - 3	44) 6 - 1	45) 5 - 1	46) 5 - 2	47) 5 - 4	48) 5 - 1
49) 7 - 5	50) 10 - 2	51) 8 - 3	52) 5 - 2	53) 5 - 1	54) 5 - 2
55) 9 - 3	56) 8 - 1	57) 6 - 1	58) 6 - 1	59) 8 - 0	60) 9 - 2

DAY - 48

NAME. _____ SCORE: ___/60 TIME. ___

1) 5 - 1	2) 6 - 3	3) 6 - 3	4) 9 - 1	5) 5 - 4	6) 7 - 4
7) 9 - 4	8) 7 - 3	9) 10 - 4	10) 7 - 3	11) 9 - 2	12) 7 - 3
13) 7 - 1	14) 8 - 4	15) 7 - 3	16) 8 - 4	17) 8 - 5	18) 9 - 4
19) 6 - 2	20) 9 - 1	21) 6 - 5	22) 10 - 3	23) 10 - 1	24) 8 - 1
25) 7 - 1	26) 6 - 2	27) 6 - 5	28) 8 - 4	29) 9 - 0	30) 6 - 4
31) 8 - 3	32) 10 - 2	33) 9 - 4	34) 6 - 1	35) 8 - 3	36) 10 - 4
37) 7 - 4	38) 5 - 2	39) 6 - 0	40) 10 - 3	41) 6 - 3	42) 9 - 1
43) 8 - 2	44) 6 - 4	45) 6 - 2	46) 7 - 0	47) 7 - 2	48) 9 - 4
49) 8 - 3	50) 8 - 5	51) 9 - 3	52) 7 - 4	53) 9 - 3	54) 7 - 4
55) 8 - 1	56) 9 - 0	57) 8 - 4	58) 6 - 4	59) 5 - 4	60) 6 - 5

DAY - 49

NAME. _____ SCORE: ___/60 TIME. _____

1) 17 − 2	2) 16 − 9	3) 19 − 0	4) 19 − 3	5) 17 − 3	6) 14 − 7
7) 13 − 8	8) 13 − 8	9) 14 − 5	10) 18 − 3	11) 12 − 6	12) 17 − 1
13) 18 − 4	14) 13 − 2	15) 13 − 3	16) 18 − 1	17) 13 − 5	18) 13 − 0
19) 18 − 9	20) 17 − 2	21) 19 − 10	22) 16 − 5	24) 18 − 8	24) 13 − 0
25) 20 − 8	26) 13 − 5	27) 11 − 5	28) 18 − 0	29) 12 − 5	30) 20 − 3
31) 10 − 0	32) 13 − 5	33) 19 − 9	34) 12 − 6	35) 14 − 5	36) 10 − 4
37) 13 − 8	38) 12 − 10	39) 20 − 8	40) 17 − 6	41) 19 − 9	42) 11 − 5
43) 17 − 3	44) 11 − 6	45) 16 − 2	46) 14 − 9	47) 12 − 9	48) 18 − 8
49) 18 − 9	50) 20 − 4	51) 19 − 3	52) 17 − 4	53) 17 − 5	54) 16 − 2
55) 17 − 7	56) 11 − 5	57) 13 − 8	58) 15 − 8	59) 16 − 2	60) 12 − 3

DAY - 50

NAME. _____ SCORE: /60 TIME. _____

1) 10 - 9	2) 18 - 5	3) 16 - 1	4) 19 - 1	5) 16 - 1	6) 14 - 5
7) 20 - 7	8) 17 - 7	9) 19 - 8	10) 13 - 0	11) 15 - 8	12) 20 - 1
13) 17 - 3	14) 16 - 6	15) 16 - 8	16) 11 - 4	17) 16 - 6	18) 17 - 7
19) 11 - 7	20) 20 - 1	21) 20 - 5	22) 18 - 6	24) 16 - 7	24) 15 - 3
25) 13 - 0	26) 19 - 0	27) 15 - 3	28) 17 - 6	29) 17 - 9	30) 11 - 5
31) 19 - 10	32) 13 - 7	33) 13 - 3	34) 15 - 10	35) 18 - 6	36) 13 - 9
37) 19 - 1	38) 14 - 3	39) 14 - 4	40) 11 - 9	41) 18 - 3	42) 12 - 3
43) 15 - 8	44) 12 - 1	45) 13 - 7	46) 18 - 1	47) 15 - 10	48) 12 - 5
49) 20 - 8	50) 19 - 2	51) 13 - 3	52) 18 - 4	53) 10 - 3	54) 16 - 9
55) 14 - 6	56) 13 - 8	57) 18 - 3	58) 13 - 4	59) 16 - 3	60) 14 - 10

DAY - 51

NAME. _____ SCORE: ___/60 TIME. ___

1) 10 - 1	2) 16 - 10	3) 20 - 8	4) 16 - 8	5) 11 - 1	6) 16 - 2
7) 17 - 2	8) 14 - 6	9) 12 - 0	10) 13 - 10	11) 17 - 6	12) 18 - 9
13) 15 - 6	14) 11 - 1	15) 13 - 7	16) 17 - 6	17) 18 - 3	18) 20 - 3
19) 19 - 8	20) 15 - 6	21) 11 - 8	22) 13 - 2	24) 20 - 3	24) 15 - 2
25) 11 - 3	26) 13 - 7	27) 15 - 3	28) 12 - 6	29) 15 - 3	30) 12 - 5
31) 19 - 8	32) 14 - 2	33) 15 - 0	34) 15 - 3	35) 20 - 8	36) 10 - 8
37) 17 - 9	38) 19 - 2	39) 14 - 5	40) 18 - 9	41) 12 - 0	42) 16 - 4
43) 20 - 5	44) 17 - 3	45) 14 - 2	46) 11 - 9	47) 12 - 4	48) 13 - 7
49) 17 - 5	50) 20 - 7	51) 19 - 1	52) 12 - 6	53) 16 - 6	54) 12 - 10
55) 15 - 1	56) 13 - 6	57) 11 - 5	58) 19 - 1	59) 18 - 2	60) 15 - 2

DAY - 52   NAME. _____   SCORE: /60   TIME.

1) 13 - 5
2) 16 - 5
3) 19 - 3
4) 15 - 1
5) 12 - 4
6) 11 - 2

7) 10 - 7
8) 16 - 4
9) 18 - 9
10) 14 - 6
11) 17 - 10
12) 18 - 5

13) 10 - 0
14) 20 - 7
15) 19 - 3
16) 14 - 4
17) 20 - 2
18) 10 - 4

19) 18 - 10
20) 19 - 4
21) 12 - 5
22) 11 - 1
24) 17 - 0
24) 19 - 0

25) 18 - 3
26) 18 - 10
27) 20 - 8
28) 15 - 4
29) 15 - 1
30) 13 - 10

31) 17 - 10
32) 12 - 9
33) 17 - 1
34) 11 - 7
35) 12 - 9
36) 16 - 5

37) 13 - 9
38) 16 - 6
39) 13 - 8
40) 14 - 9
41) 15 - 6
42) 11 - 9

43) 15 - 6
44) 12 - 3
45) 13 - 6
46) 11 - 4
47) 10 - 10
48) 17 - 2

49) 11 - 7
50) 10 - 5
51) 16 - 1
52) 13 - 6
53) 15 - 3
54) 12 - 8

55) 18 - 10
56) 17 - 8
57) 16 - 1
58) 10 - 9
59) 15 - 3
60) 12 - 9

DAY - 53

NAME. SCORE: /60 TIME.

1) 12 - 3	2) 13 - 0	3) 13 - 1	4) 18 - 7	5) 19 - 1	6) 14 - 3
7) 11 - 7	8) 16 - 2	9) 11 - 4	10) 18 - 10	11) 17 - 5	12) 19 - 2
13) 11 - 8	14) 15 - 4	15) 14 - 3	16) 14 - 10	17) 19 - 10	18) 17 - 4
19) 11 - 5	20) 11 - 7	21) 11 - 8	22) 14 - 8	24) 18 - 0	24) 17 - 2
25) 16 - 9	26) 15 - 3	27) 12 - 3	28) 10 - 9	29) 13 - 9	30) 16 - 6
31) 14 - 7	32) 10 - 10	33) 18 - 2	34) 19 - 9	35) 17 - 2	36) 13 - 6
37) 14 - 6	38) 17 - 5	39) 16 - 4	40) 20 - 4	41) 19 - 0	42) 19 - 3
43) 10 - 5	44) 16 - 9	45) 12 - 6	46) 13 - 8	47) 20 - 7	48) 16 - 6
49) 11 - 2	50) 13 - 1	51) 16 - 7	52) 17 - 7	53) 12 - 7	54) 15 - 0
55) 18 - 6	56) 14 - 9	57) 18 - 8	58) 17 - 8	59) 20 - 0	60) 13 - 9

DAY - 54

NAME.
SCORE: /60
TIME.

1) 16 − 10	2) 13 − 8	3) 11 − 8	4) 15 − 1	5) 12 − 6	6) 19 − 9
7) 17 − 8	8) 13 − 8	9) 14 − 4	10) 11 − 1	11) 18 − 3	12) 14 − 2
13) 12 − 9	14) 12 − 3	15) 18 − 6	16) 11 − 2	17) 13 − 1	18) 10 − 1
19) 13 − 9	20) 19 − 1	21) 13 − 9	22) 10 − 2	24) 16 − 0	24) 18 − 4
25) 15 − 7	26) 19 − 1	27) 15 − 4	28) 14 − 1	29) 16 − 5	30) 11 − 1
31) 15 − 1	32) 11 − 5	33) 14 − 3	34) 12 − 2	35) 12 − 9	36) 11 − 1
37) 18 − 2	38) 16 − 5	39) 15 − 8	40) 12 − 9	41) 17 − 2	42) 16 − 3
43) 13 − 5	44) 11 − 4	45) 12 − 0	46) 10 − 8	47) 16 − 10	48) 14 − 2
49) 12 − 9	50) 19 − 2	51) 13 − 8	52) 13 − 2	53) 15 − 3	54) 11 − 8
55) 16 − 9	56) 13 − 2	57) 18 − 10	58) 14 − 10	59) 11 − 7	60) 19 − 4

DAY - 55

NAME. SCORE: /60 TIME.

1) 17 − 8	2) 11 − 9	3) 13 − 6	4) 19 − 6	5) 14 − 7	6) 17 − 9
7) 11 − 5	8) 12 − 0	9) 19 − 0	10) 13 − 3	11) 14 − 7	12) 18 − 8
13) 20 − 2	14) 19 − 8	15) 11 − 8	16) 15 − 7	17) 15 − 6	18) 20 − 8
19) 14 − 7	20) 10 − 3	21) 11 − 8	22) 20 − 2	24) 19 − 9	24) 18 − 2
25) 12 − 2	26) 18 − 6	27) 16 − 4	28) 14 − 1	29) 10 − 5	30) 11 − 2
31) 14 − 0	32) 20 − 4	33) 12 − 8	34) 12 − 3	35) 14 − 0	36) 15 − 7
37) 14 − 1	38) 10 − 6	39) 14 − 4	40) 16 − 3	41) 14 − 4	42) 12 − 4
43) 12 − 3	44) 19 − 8	45) 11 − 4	46) 16 − 7	47) 17 − 0	48) 15 − 5
49) 16 − 7	50) 11 − 10	51) 16 − 7	52) 18 − 9	53) 14 − 3	54) 14 − 9
55) 17 − 1	56) 18 − 5	57) 13 − 5	58) 19 − 10	59) 20 − 9	60) 10 − 1

DAY - 56

NAME. _____ SCORE: /60 TIME.

#		#		#		#		#		#	
1	18 − 9	2	14 − 6	3	14 − 7	4	20 − 2	5	19 − 2	6	10 − 7
7	14 − 3	8	19 − 6	9	16 − 10	10	15 − 8	11	14 − 1	12	11 − 9
13	10 − 4	14	18 − 5	15	15 − 2	16	14 − 5	17	17 − 8	18	12 − 8
19	12 − 0	20	11 − 4	21	11 − 4	22	13 − 2	24	12 − 6	24	18 − 1
25	16 − 10	26	18 − 5	27	18 − 9	28	11 − 3	29	15 − 8	30	13 − 8
31	12 − 5	32	17 − 8	33	20 − 9	34	13 − 7	35	14 − 3	36	10 − 4
37	17 − 2	38	13 − 1	39	20 − 2	40	17 − 0	41	18 − 2	42	17 − 7
43	15 − 8	44	17 − 4	45	15 − 6	46	10 − 3	47	11 − 6	48	10 − 10
49	17 − 6	50	19 − 4	51	17 − 8	52	17 − 8	53	12 − 3	54	16 − 7
55	16 − 5	56	12 − 9	57	18 − 9	58	14 − 2	59	11 − 4	60	19 − 5

DAY - 57

NAME.   SCORE: /60   TIME.

1. 10 − 0
2. 16 − 4
3. 15 − 2
4. 18 − 10
5. 18 − 5
6. 17 − 3

7. 14 − 5
8. 11 − 3
9. 19 − 1
10. 16 − 1
11. 15 − 1
12. 16 − 7

13. 14 − 7
14. 11 − 8
15. 13 − 9
16. 19 − 0
17. 11 − 3
18. 15 − 3

19. 13 − 9
20. 20 − 6
21. 15 − 7
22. 14 − 4
23. 19 − 9
24. 19 − 9

25. 17 − 7
26. 11 − 5
27. 10 − 6
28. 12 − 3
29. 15 − 6
30. 12 − 2

31. 16 − 2
32. 10 − 3
33. 12 − 1
34. 15 − 5
35. 15 − 6
36. 18 − 8

37. 12 − 9
38. 15 − 6
39. 19 − 9
40. 17 − 5
41. 18 − 1
42. 13 − 8

43. 16 − 3
44. 16 − 3
45. 17 − 6
46. 12 − 4
47. 11 − 0
48. 16 − 7

49. 10 − 9
50. 15 − 0
51. 18 − 8
52. 15 − 9
53. 14 − 1
54. 19 − 5

55. 13 − 1
56. 11 − 2
57. 15 − 4
58. 14 − 9
59. 20 − 7
60. 16 − 10

DAY - 58

NAME.
SCORE: /60
TIME.

1) 10 - 6
2) 19 - 7
3) 19 - 2
4) 19 - 2
5) 18 - 6
6) 16 - 0

7) 15 - 2
8) 11 - 4
9) 18 - 1
10) 11 - 7
11) 14 - 1
12) 16 - 3

13) 18 - 10
14) 14 - 6
15) 14 - 0
16) 11 - 1
17) 10 - 2
18) 17 - 3

19) 15 - 5
20) 12 - 8
21) 14 - 5
22) 14 - 0
24) 11 - 9
24) 17 - 10

25) 14 - 2
26) 12 - 8
27) 14 - 0
28) 18 - 6
29) 11 - 9
30) 12 - 2

31) 18 - 8
32) 14 - 7
33) 17 - 2
34) 19 - 7
35) 14 - 2
36) 12 - 4

37) 15 - 10
38) 13 - 2
39) 18 - 9
40) 14 - 10
41) 15 - 0
42) 13 - 5

43) 17 - 4
44) 12 - 5
45) 16 - 3
46) 20 - 6
47) 20 - 8
48) 12 - 1

49) 14 - 5
50) 14 - 9
51) 17 - 6
52) 18 - 9
53) 15 - 2
54) 16 - 1

55) 12 - 4
56) 12 - 1
57) 20 - 4
58) 15 - 10
59) 17 - 9
60) 12 - 6

DAY - 59

NAME.
SCORE: / 60
TIME.

1. 20 - 9	2. 13 - 6	3. 15 - 5	4. 19 - 5	5. 17 - 1	6. 17 - 1
7. 13 - 3	8. 12 - 10	9. 16 - 8	10. 11 - 10	11. 13 - 3	12. 12 - 7
13. 18 - 7	14. 13 - 4	15. 17 - 6	16. 20 - 9	17. 12 - 3	18. 19 - 5
19. 19 - 3	20. 17 - 6	21. 17 - 4	22. 18 - 6	23. 14 - 4	24. 11 - 7
25. 14 - 1	26. 18 - 4	27. 11 - 6	28. 16 - 10	29. 12 - 0	30. 19 - 3
31. 19 - 0	32. 12 - 9	33. 12 - 4	34. 17 - 1	35. 17 - 9	36. 14 - 4
37. 18 - 1	38. 16 - 1	39. 19 - 6	40. 19 - 1	41. 13 - 1	42. 19 - 5
43. 12 - 3	44. 14 - 1	45. 13 - 6	46. 11 - 10	47. 12 - 9	48. 18 - 8
49. 17 - 9	50. 17 - 1	51. 11 - 7	52. 18 - 10	53. 18 - 8	54. 15 - 7
55. 19 - 5	56. 18 - 9	57. 14 - 6	58. 14 - 2	59. 20 - 3	60. 18 - 5

DAY - 60

NAME. **SCORE: /60** **TIME.**

1) 13 - 7	2) 20 - 9	3) 14 - 6	4) 16 - 8	5) 15 - 0	6) 14 - 8
7) 11 - 8	8) 13 - 2	9) 11 - 4	10) 15 - 5	11) 19 - 7	12) 12 - 10
13) 12 - 5	14) 17 - 1	15) 11 - 5	16) 16 - 6	17) 15 - 2	18) 10 - 6
19) 17 - 10	20) 16 - 7	21) 19 - 4	22) 13 - 4	24) 16 - 6	24) 15 - 2
25) 16 - 5	26) 18 - 0	27) 15 - 7	28) 15 - 4	29) 19 - 3	30) 15 - 5
31) 17 - 3	32) 15 - 7	33) 15 - 6	34) 11 - 1	35) 11 - 6	36) 12 - 9
37) 14 - 2	38) 13 - 6	39) 18 - 10	40) 15 - 8	41) 13 - 7	42) 13 - 5
43) 20 - 8	44) 14 - 8	45) 14 - 2	46) 20 - 2	47) 19 - 1	48) 19 - 3
49) 13 - 9	50) 15 - 3	51) 13 - 8	52) 18 - 2	53) 15 - 8	54) 20 - 2
55) 20 - 1	56) 11 - 6	57) 20 - 6	58) 16 - 8	59) 14 - 8	60) 11 - 8

DAY - 61

1) 11 − 8	2) 19 − 4	3) 13 − 8	4) 16 − 2	5) 12 − 6	6) 19 − 8
7) 12 − 1	8) 11 − 1	9) 14 − 9	10) 11 − 4	11) 16 − 8	12) 19 − 0
13) 16 − 6	14) 18 − 5	15) 17 − 9	16) 18 − 8	17) 17 − 7	18) 12 − 9
19) 19 − 3	20) 13 − 6	21) 11 − 5	22) 11 − 5	24) 17 − 1	24) 11 − 6
25) 13 − 7	26) 19 − 1	27) 14 − 5	28) 19 − 6	29) 13 − 0	30) 18 − 0
31) 14 − 9	32) 10 − 1	33) 14 − 2	34) 19 − 7	35) 19 − 6	36) 16 − 2
37) 13 − 10	38) 18 − 10	39) 18 − 7	40) 13 − 2	41) 16 − 4	42) 19 − 6
43) 18 − 3	44) 19 − 9	45) 16 − 6	46) 11 − 2	47) 11 − 8	48) 19 − 1
49) 14 − 1	50) 11 − 4	51) 13 − 2	52) 20 − 7	53) 19 − 0	54) 16 − 1
55) 12 − 9	56) 18 − 5	57) 15 − 7	58) 16 − 8	59) 14 − 3	60) 18 − 6

DAY - 62

NAME. _____ SCORE: /60 TIME.

1) 18 - 6
2) 19 - 9
3) 16 - 2
4) 17 - 8
5) 13 - 8
6) 15 - 1

7) 19 - 1
8) 17 - 3
9) 17 - 3
10) 12 - 2
11) 19 - 8
12) 20 - 9

13) 10 - 1
14) 10 - 3
15) 18 - 5
16) 14 - 4
17) 16 - 7
18) 15 - 2

19) 19 - 6
20) 10 - 7
21) 12 - 9
22) 16 - 2
24) 18 - 5
24) 11 - 9

25) 19 - 9
26) 13 - 6
27) 12 - 10
28) 16 - 6
29) 19 - 0
30) 17 - 3

31) 14 - 7
32) 13 - 4
33) 10 - 5
34) 11 - 10
35) 18 - 7
36) 11 - 3

37) 14 - 7
38) 17 - 5
39) 16 - 7
40) 17 - 5
41) 11 - 3
42) 20 - 0

43) 10 - 7
44) 20 - 7
45) 16 - 8
46) 14 - 1
47) 13 - 4
48) 19 - 2

49) 13 - 3
50) 13 - 3
51) 17 - 10
52) 12 - 8
53) 12 - 2
54) 17 - 6

55) 20 - 3
56) 17 - 6
57) 14 - 1
58) 18 - 1
59) 13 - 0
60) 18 - 10

DAY -63

NAME. SCORE: /60 TIME.

#		#		#		#		#		#	
1	13 − 8	2	15 − 2	3	14 − 2	4	12 − 5	5	13 − 8	6	19 − 6
7	13 − 2	8	11 − 9	9	15 − 8	10	18 − 3	11	16 − 2	12	20 − 7
13	14 − 8	14	16 − 0	15	18 − 3	16	20 − 10	17	20 − 5	18	17 − 8
19	19 − 3	20	19 − 3	21	17 − 3	22	18 − 2	24	18 − 10	24	14 − 9
25	19 − 6	26	19 − 0	27	15 − 5	28	16 − 0	29	17 − 9	30	18 − 4
31	13 − 4	32	15 − 3	33	14 − 0	34	11 − 6	35	19 − 9	36	18 − 2
37	20 − 6	38	13 − 10	39	17 − 7	40	15 − 3	41	11 − 7	42	15 − 6
43	15 − 1	44	12 − 0	45	18 − 3	46	13 − 2	47	17 − 9	48	11 − 4
49	11 − 7	50	12 − 1	51	10 − 1	52	14 − 5	53	19 − 5	54	18 − 10
55	15 − 4	56	15 − 0	57	18 − 1	58	12 − 6	59	18 − 10	60	11 − 6

DAY - 64

SCORE: /60

1) 15 - 7	2) 14 - 4	3) 18 - 9	4) 15 - 1	5) 14 - 5	6) 11 - 2
7) 17 - 8	8) 14 - 9	9) 13 - 3	10) 16 - 6	11) 14 - 9	12) 18 - 9
13) 17 - 7	14) 16 - 7	15) 11 - 4	16) 13 - 8	17) 11 - 3	18) 14 - 3
19) 12 - 5	20) 18 - 5	21) 19 - 5	22) 13 - 7	24) 13 - 6	24) 18 - 10
25) 15 - 10	26) 10 - 9	27) 10 - 9	28) 16 - 8	29) 15 - 9	30) 16 - 10
31) 14 - 7	32) 20 - 9	33) 10 - 4	34) 11 - 7	35) 15 - 8	36) 18 - 8
37) 18 - 3	38) 19 - 4	39) 15 - 1	40) 19 - 5	41) 18 - 8	42) 13 - 9
43) 16 - 2	44) 10 - 5	45) 11 - 2	46) 20 - 8	47) 16 - 7	48) 13 - 3
49) 19 - 4	50) 17 - 4	51) 15 - 3	52) 15 - 7	53) 11 - 4	54) 15 - 3
55) 19 - 3	56) 19 - 5	57) 13 - 2	58) 11 - 2	59) 15 - 10	60) 12 - 1

DAY - 65

1) 9 - 3 =
2) 8 - 3 =
3) 7 - 1 =
4) 7 - 2 =
5) 8 - 3 =
6) 6 - 0 =

7) 9 - 2 =
8) 7 - 3 =
9) 8 - 5 =
10) 8 - 2 =
11) 6 - 2 =
12) 8 - 2 =

13) 9 - 4 =
14) 9 - 2 =
15) 7 - 5 =
16) 9 - 3 =
17) 6 - 1 =
18) 9 - 3 =

19) 5 - 4 =
20) 6 - 2 =
21) 8 - 3 =
22) 6 - 3 =
24) 10 - 2 =
24) 6 - 3 =

25) 9 - 3 =
26) 10 - 1 =
27) 9 - 0 =
28) 9 - 4 =
29) 9 - 5 =
30) 8 - 0 =

31) 9 - 2 =
32) 5 - 0 =
33) 6 - 5 =
34) 7 - 4 =
35) 9 - 5 =
36) 6 - 3 =

37) 8 - 1 =
38) 8 - 4 =
39) 10 - 5 =
40) 8 - 4 =
41) 9 - 3 =
42) 9 - 4 =

43) 7 - 1 =
44) 9 - 3 =
45) 10 - 3 =
46) 7 - 2 =
47) 9 - 1 =
48) 8 - 1 =

49) 8 - 1 =
50) 8 - 2 =
51) 8 - 4 =
52) 8 - 4 =
53) 7 - 0 =
54) 9 - 1 =

55) 7 - 1 =
56) 7 - 2 =
57) 9 - 2 =
58) 8 - 2 =
59) 8 - 0 =
60) 7 - 1 =

DAY - 66

NAME.
SCORE: /60
TIME.

1) 18 - 1	2) 13 - 4	3) 18 - 8	4) 12 - 8	5) 15 - 3	6) 10 - 6
7) 19 - 3	8) 14 - 2	9) 18 - 8	10) 20 - 8	11) 10 - 8	12) 14 - 5
13) 16 - 1	14) 17 - 3	15) 13 - 3	16) 19 - 1	17) 19 - 7	18) 14 - 4
19) 17 - 7	20) 17 - 8	21) 11 - 8	22) 18 - 2	24) 13 - 1	24) 18 - 4
25) 16 - 2	26) 18 - 9	27) 12 - 6	28) 10 - 8	29) 19 - 4	30) 15 - 1
31) 14 - 9	32) 13 - 6	33) 13 - 2	34) 11 - 8	35) 16 - 9	36) 14 - 9
37) 13 - 0	38) 19 - 5	39) 13 - 6	40) 14 - 8	41) 13 - 1	42) 14 - 10
43) 12 - 5	44) 17 - 9	45) 17 - 4	46) 12 - 4	47) 17 - 6	48) 20 - 4
49) 13 - 5	50) 20 - 6	51) 18 - 7	52) 19 - 8	53) 16 - 0	54) 19 - 3
55) 13 - 9	56) 12 - 6	57) 11 - 2	58) 12 - 2	59) 16 - 6	60) 19 - 9

DAY - 67

NAME. SCORE: /60 TIME.

1) 17 - 9	2) 18 - 0	3) 13 - 1	4) 19 - 7	5) 12 - 9	6) 19 - 8
7) 15 - 10	8) 11 - 5	9) 11 - 3	10) 12 - 2	11) 14 - 6	12) 12 - 5
13) 11 - 7	14) 13 - 7	15) 16 - 2	16) 12 - 5	17) 11 - 3	18) 11 - 2
19) 12 - 6	20) 17 - 8	21) 17 - 6	22) 17 - 3	23) 18 - 3	24) 14 - 0
25) 20 - 4	26) 14 - 5	27) 18 - 6	28) 18 - 0	29) 17 - 6	30) 17 - 8
31) 12 - 5	32) 20 - 8	33) 12 - 2	34) 14 - 7	35) 16 - 2	36) 19 - 1
37) 10 - 0	38) 18 - 2	39) 18 - 4	40) 19 - 3	41) 15 - 3	42) 15 - 4
43) 11 - 1	44) 13 - 4	45) 14 - 7	46) 14 - 4	47) 15 - 7	48) 17 - 1
49) 16 - 3	50) 18 - 6	51) 17 - 2	52) 14 - 5	53) 16 - 1	54) 19 - 4
55) 11 - 5	56) 12 - 4	57) 13 - 5	58) 14 - 6	59) 14 - 3	60) 11 - 6

DAY - 68

NAME. _____   SCORE: /60   TIME. _____

1) 16 - 4
2) 11 - 1
3) 15 - 5
4) 13 - 2
5) 12 - 3
6) 16 - 7

7) 17 - 2
8) 15 - 1
9) 11 - 1
10) 15 - 1
11) 18 - 5
12) 13 - 5

13) 14 - 3
14) 15 - 6
15) 16 - 4
16) 13 - 8
17) 14 - 5
18) 19 - 4

19) 19 - 6
20) 20 - 8
21) 18 - 7
22) 12 - 8
24) 18 - 9
24) 15 - 3

25) 14 - 6
26) 17 - 4
27) 13 - 8
28) 16 - 7
29) 15 - 1
30) 19 - 2

31) 16 - 5
32) 11 - 3
33) 13 - 3
34) 20 - 9
35) 18 - 6
36) 13 - 6

37) 19 - 2
38) 16 - 2
39) 12 - 6
40) 11 - 9
41) 15 - 9
42) 15 - 9

43) 16 - 0
44) 12 - 5
45) 14 - 9
46) 14 - 10
47) 11 - 5
48) 18 - 9

49) 16 - 4
50) 17 - 4
51) 12 - 8
52) 13 - 8
53) 16 - 1
54) 11 - 4

55) 16 - 2
56) 14 - 9
57) 14 - 8
58) 13 - 8
59) 20 - 2
60) 16 - 7

DAY - 69

NAME.
SCORE: /60
TIME.

1) 15 − 8
2) 16 − 9
3) 16 − 6
4) 13 − 5
5) 19 − 3
6) 19 − 9

7) 19 − 6
8) 16 − 9
9) 13 − 2
10) 18 − 9
11) 15 − 10
12) 16 − 7

13) 13 − 6
14) 12 − 9
15) 20 − 4
16) 11 − 5
17) 17 − 3
18) 12 − 3

19) 19 − 1
20) 11 − 5
21) 19 − 1
22) 15 − 6
24) 17 − 4
24) 15 − 5

25) 14 − 1
26) 20 − 1
27) 16 − 9
28) 10 − 0
29) 19 − 10
30) 14 − 4

31) 14 − 8
32) 18 − 10
33) 20 − 4
34) 14 − 9
35) 20 − 6
36) 17 − 8

37) 20 − 3
38) 19 − 9
39) 17 − 3
40) 20 − 7
41) 15 − 6
42) 19 − 8

43) 17 − 9
44) 19 − 9
45) 10 − 4
46) 17 − 4
47) 17 − 2
48) 17 − 1

49) 10 − 8
50) 10 − 6
51) 18 − 1
52) 15 − 10
53) 14 − 9
54) 10 − 4

55) 18 − 2
56) 19 − 2
57) 19 − 9
58) 12 − 8
59) 14 − 0
60) 10 − 7

DAY - 70 NAME.   SCORE: /60   TIME.

#		#		#		#		#		#	
1	10 − 3	2	15 − 8	3	20 − 6	4	14 − 7	5	16 − 8	6	10 − 4
7	10 − 2	8	11 − 8	9	14 − 5	10	12 − 2	11	16 − 4	12	17 − 3
13	19 − 5	14	13 − 3	15	17 − 2	16	13 − 1	17	14 − 5	18	19 − 9
19	16 − 9	20	16 − 3	21	15 − 2	22	17 − 9	24	17 − 8	24	17 − 6
25	11 − 1	26	14 − 6	27	11 − 9	28	12 − 3	29	19 − 5	30	10 − 2
31	20 − 4	32	10 − 4	33	14 − 3	34	15 − 0	35	17 − 9	36	13 − 2
37	11 − 8	38	17 − 7	39	10 − 6	40	19 − 2	41	18 − 5	42	11 − 6
43	14 − 8	44	11 − 7	45	19 − 1	46	14 − 8	47	16 − 9	48	18 − 4
49	15 − 7	50	15 − 7	51	18 − 1	52	11 − 5	53	19 − 2	54	18 − 2
55	12 − 8	56	19 − 5	57	17 − 7	58	14 − 2	59	17 − 7	60	17 − 3

DAY - 71

NAME. _____ SCORE: /60 TIME.

1) 17 - 1	2) 19 - 9	3) 15 - 5	4) 17 - 8	5) 17 - 4	6) 15 - 9
7) 18 - 9	8) 11 - 9	9) 18 - 9	10) 19 - 0	11) 15 - 2	12) 12 - 7
13) 17 - 4	14) 17 - 6	15) 11 - 9	16) 18 - 2	17) 14 - 1	18) 11 - 5
19) 17 - 4	20) 19 - 3	21) 17 - 3	22) 15 - 5	24) 11 - 5	24) 17 - 3
25) 17 - 4	26) 17 - 9	27) 18 - 1	28) 14 - 7	29) 11 - 2	30) 19 - 2
31) 16 - 7	32) 18 - 1	33) 17 - 8	34) 19 - 6	35) 11 - 7	36) 15 - 3
37) 18 - 7	38) 17 - 5	39) 12 - 9	40) 14 - 9	41) 12 - 3	42) 13 - 7
43) 14 - 10	44) 13 - 2	45) 18 - 2	46) 14 - 6	47) 14 - 5	48) 15 - 1
49) 15 - 5	50) 11 - 2	51) 14 - 0	52) 10 - 6	53) 17 - 4	54) 19 - 3
55) 12 - 8	56) 18 - 6	57) 15 - 3	58) 13 - 3	59) 10 - 7	60) 11 - 6

DAY - 72

NAME. _____ SCORE: /60 TIME.

1) 20 − 2	2) 19 − 9	3) 20 − 5	4) 13 − 4	5) 17 − 6	6) 16 − 1
7) 17 − 3	8) 15 − 0	9) 14 − 7	10) 15 − 3	11) 14 − 5	12) 10 − 5
13) 15 − 0	14) 15 − 5	15) 19 − 1	16) 16 − 5	17) 12 − 8	18) 17 − 7
19) 17 − 9	20) 17 − 4	21) 13 − 6	22) 17 − 3	24) 12 − 5	24) 16 − 0
25) 19 − 9	26) 15 − 7	27) 13 − 0	28) 19 − 4	29) 16 − 0	30) 14 − 4
31) 18 − 4	32) 17 − 2	33) 12 − 8	34) 11 − 4	35) 15 − 3	36) 13 − 3
37) 17 − 5	38) 13 − 9	39) 17 − 6	40) 19 − 2	41) 12 − 9	42) 18 − 8
43) 16 − 6	44) 13 − 8	45) 11 − 7	46) 16 − 4	47) 20 − 9	48) 10 − 3
49) 15 − 0	50) 13 − 2	51) 16 − 4	52) 18 − 9	53) 11 − 7	54) 18 − 3
55) 20 − 8	56) 19 − 7	57) 17 − 10	58) 18 − 1	59) 13 − 7	60) 14 − 6

DAY - 73

NAME. SCORE: /60 TIME.

1. 7 - 3	2. 9 - 0	3. 7 - 2	4. 6 - 1	5. 7 - 1	6. 9 - 4
7. 9 - 1	8. 9 - 3	9. 10 - 2	10. 7 - 4	11. 9 - 4	12. 6 - 5
13. 10 - 3	14. 8 - 4	15. 7 - 5	16. 9 - 0	17. 9 - 3	18. 6 - 3
19. 7 - 3	20. 8 - 4	21. 5 - 2	22. 8 - 3	24. 7 - 2	24. 9 - 3
25. 10 - 2	26. 6 - 1	27. 6 - 1	28. 6 - 2	29. 8 - 2	30. 9 - 2
31. 9 - 2	32. 6 - 4	33. 7 - 2	34. 6 - 2	35. 10 - 3	36. 7 - 3
37. 6 - 3	38. 10 - 1	39. 8 - 4	40. 6 - 1	41. 8 - 4	42. 5 - 1
43. 6 - 0	44. 6 - 2	45. 6 - 1	46. 9 - 3	47. 8 - 0	48. 7 - 4
49. 9 - 4	50. 6 - 3	51. 8 - 0	52. 10 - 3	53. 8 - 0	54. 9 - 3
55. 8 - 2	56. 7 - 2	57. 7 - 1	58. 6 - 0	59. 7 - 5	60. 9 - 3

DAY - 74

1) 16 - 1	2) 18 - 6	3) 17 - 7	4) 10 - 7	5) 15 - 10	6) 18 - 7
7) 13 - 7	8) 13 - 1	9) 13 - 2	10) 19 - 2	11) 11 - 7	12) 17 - 1
13) 11 - 1	14) 10 - 3	15) 13 - 10	16) 16 - 6	17) 17 - 7	18) 11 - 7
19) 15 - 3	20) 12 - 1	21) 12 - 2	22) 18 - 2	23) 13 - 2	24) 16 - 6
25) 14 - 3	26) 18 - 8	27) 13 - 1	28) 16 - 9	29) 12 - 7	30) 12 - 3
31) 11 - 3	32) 19 - 2	33) 20 - 7	34) 15 - 5	35) 16 - 10	36) 11 - 8
37) 14 - 9	38) 17 - 6	39) 13 - 0	40) 15 - 3	41) 16 - 1	42) 13 - 9
43) 13 - 10	44) 18 - 2	45) 14 - 7	46) 18 - 1	47) 17 - 10	48) 10 - 5
49) 11 - 8	50) 12 - 1	51) 18 - 3	52) 12 - 4	53) 16 - 5	54) 18 - 7
55) 19 - 7	56) 15 - 2	57) 14 - 8	58) 11 - 6	59) 15 - 1	60) 11 - 9

DAY - 75

NAME. **SCORE:** / 60 **TIME.**

1) 18 - 9	2) 14 - 3	3) 14 - 0	4) 11 - 5	5) 12 - 0	6) 19 - 5
7) 18 - 6	8) 11 - 7	9) 18 - 8	10) 10 - 1	11) 11 - 2	12) 14 - 7
13) 19 - 8	14) 15 - 9	15) 11 - 3	16) 10 - 8	17) 19 - 6	18) 16 - 3
19) 12 - 0	20) 10 - 10	21) 12 - 3	22) 10 - 1	23) 12 - 5	24) 13 - 5
25) 16 - 4	26) 19 - 7	27) 12 - 6	28) 17 - 8	29) 15 - 10	30) 14 - 6
31) 19 - 9	32) 14 - 6	33) 11 - 4	34) 15 - 2	35) 17 - 3	36) 11 - 6
37) 16 - 8	38) 18 - 2	39) 12 - 3	40) 15 - 8	41) 16 - 5	42) 17 - 8
43) 18 - 6	44) 15 - 2	45) 17 - 9	46) 19 - 7	47) 18 - 2	48) 16 - 4
49) 20 - 4	50) 15 - 7	51) 20 - 10	52) 15 - 6	53) 13 - 5	54) 12 - 4
55) 16 - 8	56) 15 - 8	57) 11 - 6	58) 14 - 2	59) 14 - 2	60) 14 - 8

DAY - 76   NAME.   SCORE: / 60   TIME.

1) 6 - 4
2) 5 - 1
3) 8 - 1
4) 7 - 1
5) 7 - 1
6) 7 - 0

7) 6 - 0
8) 7 - 0
9) 6 - 0
10) 8 - 3
11) 6 - 0
12) 5 - 5

13) 8 - 3
14) 5 - 0
15) 6 - 3
16) 9 - 0
17) 6 - 2
18) 8 - 1

19) 8 - 3
20) 7 - 2
21) 9 - 3
22) 9 - 2
24) 8 - 2
24) 5 - 3

25) 5 - 1
26) 6 - 2
27) 8 - 4
28) 8 - 1
29) 10 - 0
30) 9 - 5

31) 8 - 2
32) 9 - 4
33) 8 - 2
34) 8 - 3
35) 8 - 1
36) 7 - 1

37) 7 - 4
38) 6 - 1
39) 8 - 5
40) 9 - 2
41) 7 - 4
42) 7 - 2

43) 5 - 3
44) 9 - 1
45) 10 - 2
46) 9 - 5
47) 5 - 1
48) 7 - 1

49) 6 - 2
50) 9 - 1
51) 7 - 4
52) 9 - 3
53) 7 - 2
54) 9 - 3

55) 9 - 4
56) 8 - 2
57) 8 - 3
58) 8 - 0
59) 6 - 4
60) 6 - 2

DAY - 77

NAME.
SCORE: /60
TIME.

1. 17 − 0
2. 16 − 2
3. 14 − 1
4. 10 − 0
5. 15 − 5
6. 17 − 6

7. 14 − 9
8. 12 − 6
9. 13 − 6
10. 10 − 9
11. 14 − 4
12. 14 − 3

13. 12 − 7
14. 12 − 5
15. 15 − 9
16. 10 − 3
17. 13 − 6
18. 15 − 0

19. 11 − 4
20. 19 − 3
21. 19 − 4
22. 17 − 5
24. 18 − 5
24. 15 − 5

25. 12 − 1
26. 19 − 8
27. 14 − 9
28. 14 − 8
29. 15 − 3
30. 11 − 7

31. 17 − 0
32. 14 − 3
33. 14 − 1
34. 18 − 8
35. 18 − 5
36. 11 − 8

37. 20 − 4
38. 19 − 4
39. 15 − 10
40. 16 − 6
41. 11 − 2
42. 16 − 5

43. 11 − 2
44. 19 − 2
45. 15 − 9
46. 13 − 5
47. 11 − 5
48. 14 − 5

49. 11 − 1
50. 13 − 7
51. 12 − 1
52. 11 − 0
53. 17 − 9
54. 16 − 6

55. 18 − 9
56. 15 − 10
57. 14 − 6
58. 12 − 3
59. 13 − 5
60. 18 − 2

DAY - 78

NAME.
SCORE: / 60
TIME.

1) 14 − 6	2) 19 − 1	3) 13 − 7	4) 11 − 7	5) 15 − 7	6) 18 − 0
7) 17 − 2	8) 17 − 6	9) 13 − 9	10) 15 − 2	11) 12 − 2	12) 17 − 6
13) 11 − 9	14) 13 − 5	15) 19 − 7	16) 13 − 3	17) 17 − 8	18) 15 − 7
19) 11 − 2	20) 20 − 4	21) 15 − 7	22) 12 − 2	23) 18 − 6	24) 12 − 2
25) 17 − 5	26) 18 − 5	27) 20 − 3	28) 12 − 5	29) 17 − 7	30) 16 − 6
31) 17 − 2	32) 17 − 10	33) 17 − 6	34) 19 − 4	35) 20 − 6	36) 14 − 8
37) 19 − 7	38) 14 − 1	39) 11 − 3	40) 13 − 3	41) 17 − 1	42) 14 − 9
43) 16 − 6	44) 13 − 7	45) 17 − 5	46) 13 − 6	47) 19 − 7	48) 19 − 8
49) 11 − 1	50) 15 − 4	51) 15 − 5	52) 16 − 10	53) 15 − 6	54) 18 − 3
55) 16 − 2	56) 13 − 5	57) 14 − 0	58) 18 − 9	59) 19 − 8	60) 17 − 2

DAY - 79

NAME.
SCORE: / 60
TIME.

1) 12 − 7	2) 14 − 1	3) 16 − 9	4) 16 − 2	5) 13 − 8	6) 17 − 5
7) 15 − 6	8) 17 − 9	9) 17 − 8	10) 18 − 4	11) 18 − 2	12) 19 − 3
13) 18 − 3	14) 15 − 9	15) 11 − 3	16) 20 − 3	17) 16 − 2	18) 12 − 8
19) 10 − 0	20) 18 − 8	21) 18 − 7	22) 18 − 7	24) 11 − 0	24) 16 − 6
25) 14 − 5	26) 11 − 1	27) 10 − 2	28) 20 − 9	29) 12 − 8	30) 14 − 5
31) 17 − 5	32) 11 − 9	33) 12 − 1	34) 12 − 10	35) 11 − 1	36) 12 − 8
37) 15 − 1	38) 18 − 2	39) 11 − 7	40) 17 − 5	41) 13 − 8	42) 13 − 6
43) 13 − 4	44) 11 − 5	45) 19 − 1	46) 16 − 10	47) 11 − 2	48) 13 − 9
49) 16 − 2	50) 11 − 8	51) 17 − 9	52) 14 − 2	53) 11 − 10	54) 13 − 2
55) 12 − 2	56) 12 − 8	57) 13 − 6	58) 12 − 8	59) 13 − 7	60) 11 − 4

DAY - 80

NAME. _____ SCORE: ___/60 TIME. _____

1) 17 − 2	2) 10 − 5	3) 20 − 6	4) 14 − 0	5) 14 − 8	6) 12 − 7
7) 17 − 6	8) 16 − 5	9) 16 − 5	10) 11 − 2	11) 11 − 4	12) 19 − 2
13) 16 − 6	14) 19 − 9	15) 15 − 6	16) 17 − 3	17) 12 − 5	18) 15 − 4
19) 11 − 5	20) 13 − 2	21) 16 − 6	22) 13 − 1	23) 20 − 3	24) 15 − 8
25) 13 − 9	26) 14 − 2	27) 11 − 5	28) 17 − 1	29) 18 − 0	30) 17 − 3
31) 16 − 2	32) 19 − 3	33) 13 − 5	34) 12 − 2	35) 16 − 5	36) 18 − 2
37) 16 − 9	38) 15 − 9	39) 18 − 8	40) 17 − 5	41) 17 − 5	42) 19 − 8
43) 19 − 8	44) 14 − 3	45) 17 − 7	46) 14 − 9	47) 11 − 6	48) 19 − 4
49) 12 − 2	50) 10 − 6	51) 15 − 4	52) 14 − 7	53) 20 − 10	54) 18 − 3
55) 19 − 6	56) 18 − 0	57) 16 − 4	58) 18 − 9	59) 18 − 4	60) 17 − 2

DAY - 81

NAME. _____ SCORE: /60 TIME.

1) 3 + 3	2) 3 + 2	3) 1 + 5	4) 2 + 4	5) 4 + 1	6) 5 + 1
7) 4 + 4	8) 5 + 4	9) 4 + 0	10) 3 + 2	11) 3 + 5	12) 1 + 4
13) 2 + 0	14) 1 + 2	15) 4 + 2	16) 5 + 0	17) 1 + 4	18) 3 + 4
19) 4 + 3	20) 4 + 1	21) 0 + 1	22) 0 + 0	23) 3 + 4	24) 0 + 4
25) 5 + 4	26) 2 + 2	27) 1 + 4	28) 1 + 4	29) 5 + 4	30) 3 + 3
31) 2 + 1	32) 2 + 2	33) 3 + 0	34) 5 + 3	35) 4 + 2	36) 5 + 4
37) 0 + 4	38) 2 + 2	39) 5 + 5	40) 4 + 5	41) 3 + 3	42) 1 + 2
43) 5 + 1	44) 4 + 4	45) 3 + 3	46) 1 + 1	47) 5 + 2	48) 3 + 3
49) 1 + 2	50) 3 + 5	51) 2 + 0	52) 0 + 3	53) 4 + 2	54) 2 + 1
55) 5 + 4	56) 1 + 2	57) 5 + 2	58) 4 + 1	59) 4 + 2	60) 1 + 2

DAY - 82

NAME.
SCORE: /60
TIME.

1) 7 - 0	2) 8 - 5	3) 5 - 3	4) 7 - 2	5) 7 - 0	6) 8 - 3
7) 7 - 4	8) 5 - 1	9) 7 - 5	10) 6 - 4	11) 7 - 0	12) 10 - 2
13) 9 - 4	14) 7 - 3	15) 7 - 2	16) 6 - 1	17) 10 - 4	18) 9 - 4
19) 8 - 1	20) 7 - 2	21) 7 - 1	22) 5 - 2	24) 7 - 4	24) 8 - 4
25) 6 - 0	26) 10 - 1	27) 6 - 4	28) 9 - 1	29) 9 - 1	30) 8 - 4
31) 7 - 3	32) 10 - 4	33) 7 - 4	34) 8 - 1	35) 6 - 3	36) 9 - 3
37) 10 - 1	38) 9 - 2	39) 10 - 4	40) 8 - 5	41) 8 - 2	42) 8 - 1
43) 6 - 1	44) 7 - 1	45) 7 - 0	46) 9 - 5	47) 6 - 3	48) 7 - 4
49) 7 - 0	50) 6 - 3	51) 6 - 0	52) 10 - 0	53) 6 - 4	54) 8 - 2
55) 6 - 4	56) 10 - 4	57) 7 - 2	58) 6 - 0	59) 6 - 2	60) 6 - 4

DAY - 83

NAME. _____ SCORE: ___/60 TIME. _____

1) 2 + 3	2) 2 + 1	3) 4 + 5	4) 5 + 5	5) 3 + 1	6) 2 + 2
7) 1 + 1	8) 4 + 3	9) 2 + 1	10) 3 + 1	11) 1 + 5	12) 1 + 4
13) 2 + 4	14) 1 + 1	15) 3 + 0	16) 1 + 5	17) 4 + 1	18) 4 + 5
19) 0 + 5	20) 4 + 3	21) 3 + 0	22) 4 + 4	23) 3 + 5	24) 1 + 0
25) 3 + 0	26) 3 + 1	27) 5 + 4	28) 1 + 1	29) 1 + 1	30) 4 + 5
31) 5 + 0	32) 4 + 1	33) 3 + 1	34) 0 + 2	35) 1 + 0	36) 2 + 4
37) 3 + 2	38) 4 + 4	39) 3 + 4	40) 2 + 2	41) 1 + 2	42) 2 + 0
43) 1 + 1	44) 1 + 2	45) 3 + 4	46) 3 + 3	47) 4 + 5	48) 3 + 4
49) 3 + 4	50) 3 + 2	51) 1 + 3	52) 4 + 0	53) 2 + 4	54) 5 + 2
55) 4 + 4	56) 3 + 4	57) 1 + 1	58) 5 + 2	59) 4 + 1	60) 3 + 5

DAY - 84

NAME. **SCORE: / 60** **TIME.**

1) 8 - 1	2) 10 - 5	3) 7 - 3	4) 6 - 3	5) 7 - 4	6) 5 - 4
7) 7 - 1	8) 10 - 3	9) 7 - 4	10) 10 - 4	11) 8 - 0	12) 9 - 2
13) 7 - 3	14) 6 - 3	15) 6 - 0	16) 8 - 1	17) 6 - 4	18) 7 - 2
19) 9 - 0	20) 8 - 3	21) 7 - 4	22) 9 - 2	24) 9 - 2	24) 9 - 4
25) 10 - 2	26) 9 - 2	27) 6 - 4	28) 6 - 3	29) 6 - 3	30) 6 - 3
31) 6 - 4	32) 10 - 4	33) 8 - 4	34) 9 - 1	35) 6 - 4	36) 10 - 2
37) 9 - 2	38) 10 - 2	39) 5 - 4	40) 6 - 4	41) 10 - 2	42) 10 - 1
43) 10 - 1	44) 10 - 2	45) 5 - 5	46) 8 - 2	47) 6 - 4	48) 8 - 5
49) 6 - 2	50) 6 - 4	51) 6 - 2	52) 10 - 4	53) 9 - 4	54) 9 - 3
55) 5 - 1	56) 6 - 1	57) 6 - 3	58) 7 - 4	59) 7 - 1	60) 8 - 1

DAY - 85

NAME. _____ SCORE: __/60 TIME. _____

1) 5 + 1	2) 1 + 2	3) 3 + 4	4) 4 + 1	5) 1 + 0	6) 5 + 2
7) 2 + 1	8) 1 + 3	9) 3 + 4	10) 1 + 5	11) 4 + 0	12) 5 + 2
13) 2 + 2	14) 0 + 3	15) 1 + 4	16) 1 + 1	17) 1 + 0	18) 4 + 1
19) 0 + 3	20) 4 + 1	21) 4 + 1	22) 4 + 0	23) 4 + 5	24) 2 + 1
25) 3 + 4	26) 1 + 1	27) 3 + 4	28) 3 + 5	29) 0 + 5	30) 3 + 3
31) 2 + 2	32) 1 + 0	33) 3 + 1	34) 5 + 5	35) 1 + 2	36) 3 + 4
37) 1 + 3	38) 4 + 4	39) 0 + 1	40) 2 + 1	41) 2 + 1	42) 3 + 5
43) 2 + 4	44) 1 + 4	45) 4 + 2	46) 0 + 4	47) 3 + 5	48) 4 + 1
49) 1 + 4	50) 3 + 4	51) 2 + 3	52) 3 + 0	53) 0 + 0	54) 3 + 4
55) 3 + 3	56) 3 + 0	57) 4 + 1	58) 3 + 5	59) 0 + 2	60) 0 + 1

DAY - 86

NAME. SCORE: /60 TIME.

1) 9 − 1	2) 7 − 3	3) 7 − 2	4) 5 − 1	5) 7 − 2	6) 7 − 2
7) 9 − 5	8) 9 − 2	9) 10 − 2	10) 6 − 3	11) 5 − 2	12) 5 − 0
13) 7 − 4	14) 9 − 4	15) 9 − 3	16) 8 − 2	17) 5 − 2	18) 5 − 4
19) 6 − 5	20) 6 − 1	21) 8 − 2	22) 5 − 4	24) 7 − 3	24) 10 − 3
25) 7 − 3	26) 8 − 2	27) 9 − 1	28) 7 − 0	29) 8 − 0	30) 5 − 3
31) 10 − 5	32) 6 − 3	33) 6 − 4	34) 8 − 0	35) 5 − 5	36) 9 − 1
37) 7 − 1	38) 8 − 1	39) 8 − 1	40) 8 − 3	41) 7 − 1	42) 10 − 2
43) 7 − 1	44) 5 − 1	45) 8 − 0	46) 7 − 4	47) 7 − 0	48) 5 − 1
49) 8 − 0	50) 7 − 3	51) 8 − 4	52) 7 − 3	53) 5 − 3	54) 6 − 2
55) 8 − 1	56) 7 − 4	57) 7 − 1	58) 8 − 2	59) 10 − 3	60) 7 − 3

DAY - 87

NAME. _____ SCORE: /60 TIME.

1) 1 + 4	2) 4 + 3	3) 5 + 1	4) 1 + 2	5) 4 + 3	6) 1 + 1
7) 4 + 1	8) 3 + 0	9) 2 + 5	10) 4 + 1	11) 3 + 5	12) 2 + 3
13) 4 + 2	14) 1 + 1	15) 4 + 2	16) 3 + 2	17) 4 + 4	18) 4 + 5
19) 3 + 2	20) 2 + 1	21) 2 + 0	22) 2 + 2	23) 1 + 0	24) 2 + 3
25) 0 + 5	26) 3 + 0	27) 4 + 3	28) 4 + 1	29) 3 + 2	30) 4 + 2
31) 4 + 5	32) 5 + 4	33) 2 + 1	34) 2 + 5	35) 1 + 4	36) 4 + 4
37) 1 + 4	38) 4 + 5	39) 3 + 1	40) 2 + 5	41) 4 + 3	42) 2 + 5
43) 3 + 1	44) 0 + 3	45) 4 + 1	46) 2 + 3	47) 1 + 4	48) 4 + 1
49) 0 + 2	50) 4 + 2	51) 1 + 4	52) 1 + 1	53) 5 + 5	54) 2 + 4
55) 4 + 4	56) 1 + 5	57) 5 + 2	58) 1 + 2	59) 4 + 1	60) 1 + 3

DAY - 88

SCORE: / 60

1) 7 - 4	2) 9 - 5	3) 10 - 5	4) 9 - 3	5) 9 - 5	6) 8 - 3
7) 8 - 2	8) 5 - 4	9) 6 - 2	10) 5 - 0	11) 8 - 1	12) 6 - 3
13) 6 - 1	14) 7 - 1	15) 7 - 4	16) 9 - 4	17) 5 - 1	18) 6 - 2
19) 6 - 2	20) 8 - 3	21) 8 - 2	22) 6 - 1	24) 9 - 4	24) 8 - 5
25) 9 - 0	26) 9 - 4	27) 7 - 2	28) 8 - 2	29) 5 - 1	30) 7 - 0
31) 8 - 1	32) 10 - 1	33) 10 - 1	34) 7 - 1	35) 7 - 2	36) 9 - 4
37) 9 - 3	38) 5 - 3	39) 5 - 0	40) 9 - 5	41) 7 - 5	42) 7 - 2
43) 7 - 1	44) 7 - 1	45) 5 - 2	46) 9 - 0	47) 8 - 4	48) 6 - 4
49) 8 - 5	50) 7 - 5	51) 9 - 2	52) 9 - 5	53) 8 - 2	54) 5 - 4
55) 9 - 2	56) 5 - 0	57) 6 - 2	58) 10 - 1	59) 8 - 1	60) 8 - 0

DAY - 89

NAME. ___ SCORE: /60 TIME.

1. 1 + 2	2. 3 + 1	3. 3 + 3	4. 3 + 1	5. 5 + 1	6. 0 + 2
7. 2 + 0	8. 5 + 1	9. 5 + 2	10. 4 + 3	11. 5 + 4	12. 4 + 2
13. 3 + 3	14. 2 + 2	15. 1 + 2	16. 4 + 4	17. 4 + 4	18. 3 + 3
19. 1 + 2	20. 3 + 4	21. 4 + 4	22. 2 + 5	23. 4 + 3	24. 1 + 1
25. 4 + 4	26. 5 + 5	27. 4 + 0	28. 3 + 1	29. 2 + 4	30. 2 + 0
31. 4 + 2	32. 1 + 0	33. 4 + 4	34. 2 + 4	35. 3 + 5	36. 2 + 4
37. 3 + 1	38. 1 + 2	39. 1 + 4	40. 2 + 1	41. 2 + 1	42. 5 + 1
43. 4 + 0	44. 0 + 0	45. 4 + 5	46. 1 + 2	47. 4 + 2	48. 0 + 4
49. 3 + 1	50. 5 + 4	51. 2 + 1	52. 0 + 1	53. 2 + 4	54. 2 + 0
55. 2 + 1	56. 5 + 3	57. 3 + 3	58. 4 + 3	59. 2 + 2	60. 4 + 3

DAY - 90

NAME.
SCORE: / 60
TIME.

1) 8 − 2	2) 10 − 2	3) 8 − 4	4) 9 − 1	5) 8 − 2	6) 7 − 1
7) 8 − 1	8) 6 − 2	9) 7 − 3	10) 7 − 1	11) 6 − 2	12) 6 − 3
13) 6 − 1	14) 9 − 4	15) 6 − 2	16) 9 − 3	17) 9 − 4	18) 5 − 2
19) 7 − 2	20) 8 − 5	21) 6 − 5	22) 10 − 2	24) 6 − 0	24) 9 − 4
25) 8 − 1	26) 10 − 2	27) 7 − 4	28) 9 − 1	29) 8 − 0	30) 9 − 3
31) 9 − 2	32) 8 − 2	33) 7 − 3	34) 8 − 4	35) 6 − 2	36) 10 − 4
37) 7 − 4	38) 9 − 5	39) 8 − 2	40) 5 − 1	41) 9 − 2	42) 10 − 4
43) 5 − 3	44) 7 − 1	45) 9 − 5	46) 9 − 3	47) 6 − 2	48) 10 − 4
49) 10 − 1	50) 7 − 3	51) 10 − 3	52) 8 − 4	53) 7 − 5	54) 6 − 3
55) 9 − 4	56) 5 − 4	57) 6 − 1	58) 5 − 4	59) 9 − 5	60) 7 − 3

DAY - 91

NAME. **SCORE: / 60** **TIME.**

1. 6 + 5	2. 4 + 9	3. 5 + 10	4. 3 + 1	5. 9 + 7	6. 2 + 3
7. 9 + 7	8. 7 + 5	9. 8 + 7	10. 3 + 5	11. 8 + 10	12. 10 + 3
13. 4 + 8	14. 5 + 5	15. 2 + 1	16. 0 + 9	17. 9 + 7	18. 5 + 7
19. 3 + 9	20. 5 + 3	21. 7 + 6	22. 4 + 2	23. 10 + 10	24. 0 + 7
25. 6 + 3	26. 0 + 6	27. 1 + 3	28. 6 + 9	29. 7 + 4	30. 10 + 3
31. 8 + 9	32. 5 + 1	33. 0 + 8	34. 9 + 7	35. 7 + 6	36. 10 + 4
37. 6 + 6	38. 3 + 3	39. 6 + 9	40. 6 + 8	41. 8 + 7	42. 2 + 8
43. 1 + 3	44. 10 + 6	45. 7 + 5	46. 5 + 3	47. 5 + 1	48. 2 + 4
49. 3 + 8	50. 8 + 4	51. 3 + 8	52. 0 + 8	53. 0 + 4	54. 2 + 8
55. 9 + 2	56. 8 + 6	57. 5 + 6	58. 2 + 0	59. 5 + 0	60. 2 + 8

DAY - 92

NAME.
SCORE: / 60
TIME.

1) 15 − 8	2) 17 − 2	3) 11 − 7	4) 15 − 5	5) 17 − 4	6) 10 − 8
7) 18 − 4	8) 12 − 8	9) 19 − 4	10) 15 − 7	11) 18 − 3	12) 13 − 8
13) 11 − 5	14) 14 − 3	15) 12 − 4	16) 19 − 1	17) 17 − 4	18) 10 − 9
19) 12 − 2	20) 12 − 3	21) 16 − 9	22) 19 − 4	24) 16 − 5	24) 12 − 6
25) 19 − 1	26) 10 − 2	27) 12 − 2	28) 12 − 5	29) 19 − 0	30) 10 − 5
31) 19 − 6	32) 16 − 7	33) 11 − 2	34) 18 − 5	35) 19 − 9	36) 12 − 5
37) 13 − 1	38) 12 − 0	39) 11 − 7	40) 19 − 3	41) 16 − 4	42) 20 − 4
43) 13 − 7	44) 12 − 7	45) 17 − 7	46) 17 − 0	47) 15 − 2	48) 13 − 3
49) 15 − 9	50) 18 − 7	51) 13 − 6	52) 17 − 5	53) 18 − 2	54) 17 − 8
55) 16 − 1	56) 18 − 8	57) 10 − 8	58) 13 − 6	59) 12 − 9	60) 11 − 9

DAY - 93

NAME. SCORE: /60 TIME.

1) 1 + 5	2) 7 + 8	3) 1 + 4	4) 1 + 0	5) 7 + 7	6) 2 + 8
7) 5 + 9	8) 2 + 8	9) 2 + 5	10) 3 + 10	11) 0 + 7	12) 1 + 3
13) 7 + 3	14) 2 + 3	15) 0 + 2	16) 2 + 8	17) 1 + 4	18) 4 + 1
19) 8 + 9	20) 9 + 8	21) 0 + 4	22) 4 + 8	23) 9 + 7	24) 4 + 1
25) 5 + 0	26) 8 + 5	27) 6 + 2	28) 9 + 2	29) 3 + 8	30) 9 + 1
31) 3 + 4	32) 9 + 6	33) 4 + 3	34) 2 + 6	35) 0 + 2	36) 9 + 2
37) 2 + 7	38) 5 + 1	39) 7 + 8	40) 4 + 2	41) 1 + 8	42) 7 + 4
43) 6 + 7	44) 8 + 0	45) 5 + 9	46) 6 + 7	47) 3 + 6	48) 4 + 2
49) 7 + 3	50) 10 + 7	51) 6 + 3	52) 7 + 1	53) 2 + 4	54) 5 + 6
55) 2 + 8	56) 1 + 1	57) 1 + 0	58) 9 + 2	59) 8 + 8	60) 7 + 2

DAY - 94

NAME.   SCORE: /60   TIME.

#		#		#		#		#		#	
1	11 − 3	2	11 − 4	3	18 − 1	4	19 − 4	5	17 − 9	6	15 − 2
7	16 − 3	8	17 − 1	9	12 − 3	10	17 − 10	11	17 − 6	12	16 − 2
13	14 − 2	14	13 − 2	15	12 − 10	16	20 − 7	17	13 − 9	18	17 − 4
19	14 − 5	20	16 − 9	21	12 − 7	22	20 − 2	24	18 − 4	24	15 − 2
25	18 − 7	26	12 − 2	27	10 − 10	28	15 − 5	29	19 − 8	30	12 − 7
31	14 − 8	32	19 − 10	33	14 − 2	34	12 − 6	35	17 − 8	36	10 − 7
37	14 − 5	38	11 − 9	39	13 − 5	40	20 − 5	41	19 − 2	42	12 − 6
43	15 − 4	44	17 − 4	45	17 − 8	46	11 − 6	47	12 − 9	48	19 − 5
49	18 − 6	50	16 − 3	51	12 − 3	52	12 − 6	53	13 − 3	54	15 − 9
55	20 − 10	56	20 − 4	57	13 − 3	58	10 − 5	59	19 − 6	60	19 − 8

DAY - 95

1. 9 + 3	2. 5 + 5	3. 7 + 9	4. 2 + 4	5. 5 + 2	6. 5 + 5
7. 1 + 3	8. 4 + 3	9. 4 + 4	10. 4 + 4	11. 3 + 5	12. 2 + 10
13. 6 + 8	14. 4 + 1	15. 4 + 1	16. 2 + 8	17. 7 + 10	18. 6 + 9
19. 8 + 7	20. 4 + 0	21. 5 + 5	22. 9 + 6	23. 3 + 4	24. 2 + 9
25. 7 + 3	26. 2 + 1	27. 8 + 2	28. 9 + 2	29. 2 + 1	30. 5 + 6
31. 6 + 7	32. 8 + 2	33. 4 + 6	34. 3 + 9	35. 8 + 1	36. 10 + 9
37. 9 + 3	38. 5 + 10	39. 4 + 7	40. 4 + 3	41. 4 + 1	42. 2 + 2
43. 2 + 9	44. 3 + 5	45. 8 + 6	46. 7 + 10	47. 5 + 9	48. 9 + 6
49. 2 + 7	50. 6 + 5	51. 8 + 1	52. 0 + 2	53. 3 + 10	54. 3 + 1
55. 3 + 9	56. 1 + 10	57. 6 + 1	58. 6 + 7	59. 2 + 0	60. 5 + 1

DAY - 96

SCORE: / 60

1. 14 − 9	2. 19 − 8	3. 14 − 4	4. 10 − 5	5. 18 − 3	6. 14 − 1
7. 11 − 6	8. 15 − 2	9. 18 − 6	10. 14 − 3	11. 15 − 9	12. 13 − 1
13. 19 − 7	14. 17 − 8	15. 10 − 4	16. 10 − 9	17. 13 − 4	18. 11 − 5
19. 14 − 6	20. 20 − 7	21. 15 − 1	22. 11 − 8	23. 19 − 3	24. 14 − 2
25. 15 − 5	26. 13 − 9	27. 17 − 8	28. 15 − 4	29. 16 − 3	30. 20 − 6
31. 15 − 2	32. 12 − 9	33. 17 − 7	34. 20 − 3	35. 18 − 1	36. 16 − 6
37. 18 − 6	38. 10 − 4	39. 13 − 4	40. 13 − 9	41. 14 − 7	42. 13 − 9
43. 17 − 10	44. 18 − 4	45. 15 − 7	46. 18 − 7	47. 17 − 4	48. 18 − 6
49. 12 − 2	50. 17 − 4	51. 16 − 9	52. 19 − 9	53. 11 − 8	54. 16 − 3
55. 19 − 3	56. 14 − 9	57. 19 − 9	58. 15 − 0	59. 19 − 8	60. 12 − 1

DAY - 97

NAME. _____ SCORE: ___/60 TIME. _____

1) 8 + 2	2) 9 + 2	3) 8 + 1	4) 4 + 10	5) 6 + 7	6) 0 + 8
7) 7 + 7	8) 1 + 9	9) 0 + 7	10) 2 + 6	11) 5 + 2	12) 5 + 5
13) 6 + 6	14) 0 + 3	15) 4 + 8	16) 8 + 7	17) 1 + 2	18) 4 + 7
19) 2 + 1	20) 6 + 2	21) 3 + 4	22) 8 + 9	23) 4 + 2	24) 8 + 5
25) 9 + 8	26) 7 + 5	27) 5 + 8	28) 3 + 3	29) 5 + 1	30) 8 + 4
31) 9 + 4	32) 7 + 1	33) 9 + 5	34) 3 + 9	35) 5 + 3	36) 3 + 7
37) 7 + 4	38) 2 + 9	39) 1 + 9	40) 3 + 7	41) 1 + 10	42) 5 + 8
43) 9 + 7	44) 5 + 2	45) 9 + 2	46) 9 + 4	47) 3 + 4	48) 7 + 5
49) 10 + 8	50) 0 + 10	51) 7 + 3	52) 4 + 10	53) 2 + 5	54) 2 + 10
55) 4 + 6	56) 8 + 8	57) 9 + 2	58) 2 + 5	59) 5 + 1	60) 8 + 10

DAY - 98

NAME.
SCORE: / 60
TIME.

1) 11 - 4	2) 18 - 2	3) 13 - 7	4) 17 - 5	5) 13 - 1	6) 16 - 3
7) 14 - 7	8) 12 - 2	9) 13 - 6	10) 15 - 0	11) 19 - 5	12) 18 - 0
13) 20 - 5	14) 13 - 7	15) 19 - 9	16) 17 - 3	17) 14 - 6	18) 14 - 1
19) 18 - 4	20) 16 - 1	21) 19 - 9	22) 16 - 4	24) 20 - 4	24) 17 - 4
25) 10 - 8	26) 13 - 8	27) 11 - 2	28) 14 - 6	29) 20 - 2	30) 13 - 8
31) 17 - 1	32) 13 - 5	33) 11 - 9	34) 17 - 10	35) 20 - 7	36) 17 - 0
37) 15 - 6	38) 19 - 6	39) 12 - 0	40) 15 - 0	41) 19 - 8	42) 15 - 6
43) 12 - 3	44) 15 - 9	45) 16 - 10	46) 14 - 7	47) 11 - 10	48) 15 - 5
49) 14 - 7	50) 11 - 6	51) 15 - 9	52) 12 - 7	53) 18 - 8	54) 15 - 3
55) 12 - 2	56) 12 - 6	57) 17 - 7	58) 14 - 9	59) 14 - 6	60) 14 - 4

DAY - 99

NAME.
SCORE: / 60
TIME.

1. 5 + 10	2. 7 + 4	3. 10 + 1	4. 0 + 3	5. 8 + 7	6. 9 + 7
7. 3 + 0	8. 3 + 7	9. 5 + 8	10. 8 + 3	11. 10 + 7	12. 9 + 8
13. 5 + 7	14. 8 + 8	15. 9 + 3	16. 7 + 10	17. 6 + 9	18. 0 + 4
19. 7 + 4	20. 5 + 3	21. 0 + 3	22. 2 + 10	23. 8 + 1	24. 4 + 0
25. 9 + 3	26. 8 + 3	27. 1 + 6	28. 8 + 10	29. 0 + 1	30. 5 + 9
31. 0 + 3	32. 7 + 5	33. 2 + 2	34. 2 + 1	35. 6 + 8	36. 7 + 7
37. 8 + 10	38. 4 + 0	39. 8 + 1	40. 8 + 2	41. 4 + 8	42. 9 + 4
43. 1 + 8	44. 9 + 2	45. 1 + 10	46. 5 + 4	47. 5 + 8	48. 6 + 10
49. 9 + 0	50. 5 + 4	51. 9 + 9	52. 6 + 7	53. 6 + 7	54. 0 + 2
55. 0 + 9	56. 6 + 2	57. 2 + 3	58. 6 + 1	59. 6 + 6	60. 0 + 9

1) 11 - 1	2) 11 - 5	3) 17 - 6	4) 13 - 8	5) 11 - 2	6) 13 - 4
7) 19 - 5	8) 20 - 1	9) 10 - 7	10) 12 - 0	11) 15 - 4	12) 17 - 3
13) 17 - 9	14) 14 - 8	15) 14 - 5	16) 12 - 8	17) 13 - 8	18) 12 - 4
19) 14 - 2	20) 14 - 5	21) 15 - 8	22) 14 - 3	23) 12 - 2	24) 14 - 5
25) 16 - 6	26) 10 - 4	27) 11 - 6	28) 13 - 3	29) 11 - 8	30) 18 - 5
31) 12 - 2	32) 17 - 9	33) 13 - 8	34) 13 - 2	35) 11 - 5	36) 13 - 9
37) 11 - 4	38) 16 - 6	39) 17 - 4	40) 11 - 1	41) 19 - 6	42) 16 - 2
43) 13 - 2	44) 11 - 4	45) 14 - 7	46) 15 - 1	47) 18 - 5	48) 17 - 1
49) 10 - 9	50) 18 - 6	51) 19 - 5	52) 19 - 7	53) 15 - 10	54) 11 - 1
55) 19 - 10	56) 16 - 8	57) 20 - 1	58) 16 - 2	59) 13 - 6	60) 12 - 8

Answers

DAY 1 {9,3,6,4,2,9,4,6,2,3,3,5,10,8,2,6,5,5,6,3,4,7,4,9,6,4,10,5,1,8,5,3,4,4,5,3,5,4,5,2,8,5,5,1,5,2,10,6,5,3,3,6,1,6,2,6,4,8,4,7}

DAY 2 {7,3,9,5,7,7,6,7,2,5,6,10,1,6,4,6,5,5,5,7,8,5,5,2,4,5,8,6,6,6,1,2,6,7,4,3,5,5,5,1,4,5,4,5,7,6,5,6,4,8,4,5,6,7,5,4,7,2,9,9}

DAY 3 {6,4,4,4,4,5,5,4,3,6,7,4,10,6,6,4,6,8,1,8,1,6,5,7,7,9,6,5,7,2,8,5,4,6,6,6,3,6,9,3,2,2,6,6,3,4,6,5,6,9,7,6,4,4,5,3,3,2,3,8}

DAY 4 {9,6,8,3,5,6,9,5,6,4,0,3,7,7,4,3,6,7,3,4,5,7,4,5,3,7,5,6,6,7,3,6,5,5,6,7,9,4,4,6,2,5,4,6,2,2,7,3,6,6,5,3,7,6,7,6,6,4,5,7}

DAY 5 {5,5,4,4,4,3,1,9,3,5,4,3,3,5,3,3,6,8,6,7,3,5,8,7,9,6,4,8,5,1,4,6,4,6,8,4,9,5,5,5,2,4,8,8,1,7,5,4,6,10,3,6,7,3,6,5,6,3,4,2}

DAY 6 {7,2,2,9,7,8,7,7,8,8,5,5,4,5,6,9,9,4,9,7,5,5,5,4,6,6,1,3,7,6,3,8,4,6,5,7,6,9,6,1,6,1,8,4,4,2,5,5,6,6,3,8,3,8,4,2,3,7,3,7}

Answers

DAY 7 {7,2,2,9,7,8,7,7,8,8,5,5,4,5,6,9,9,4,9,7,5,5,5,4,6,6,1,3,7,6,3,8,4,6,5,7,6,9,6,1,6,1,8,4,4,2,5,5,6,6,3,8,3,8,4,2,3,7,3,7}

DAY 8 {3,6,5,5,5,3,5,4,2,7,4,5,4,4,4,6,7,5,5,4,8,4,6,3,7,4,3,7,4,8,1,2,4,9,7,6,6,4,3,3,6,1,2,4,3,5,5,6,6,3,2,6,4,2,10,5,9,4,4,9}

DAY 9 {8,7,7,6,8,9,8,9,8,1,7,11,3,8,9,5,9,3,11,1,1,12,8,7,8,10,9,9,11,8,6,8,5,3,2,4,12,2,4,4,13,14,5,12,12,5,5,12,4,7,6,4,6,4,5,8,10,6,7,7}

DAY 10 {12,6,3,2,5,5,11,10,4,5,4,12,0,7,11,7,5,6,9,3,5,9,7,4,6,10,8,6,3,4,7,7,10,7,9,10,5,1,9,2,10,6,9,7,3,6,8,5,3,6,6,2,6,14,13,9,13,10,7,7}

DAY 11 {10,7,13,7,2,12,11,8,11,4,7,2,9,7,7,9,10,11,11,1,2,10,4,3,3,8,5,4,8,6,9,4,9,13,8,11,8,12,7,9,9,12,1,12,6,8,8,7,10,4,6,10,5,4,13,11,7,12,11,10}

DAY 12 {4,4,8,6,3,9,6,6,12,9,8,7,7,3,8,10,6,10,7,10,12,6,3,10,4,8,12,9,7,9,4,8,13,12,10,7,11,6,3,7,6,10,9,5,5,4,4,4,5,5,8,8,9,8,3,7,2,11,2,11}

Answers

DAY 13 {9,9,3,5,9,4,10,2,11,6,7,10,7,9,3,7,8,12,3,2,6,5,8,7,5,1,2,8,8,12,2,4,3,3,5,6,12,6,10,11,7,6,9,7,6,9,11,9,7,8,4,9,0,8,2,10,6,9,10,7}

DAY 14 {9,4,13,8,10,9,12,7,5,8,5,6,5,9,12,10,6,3,10,13,2,6,11,8,13,7,0,5,6,6,11,4,9,7,3,9,9,10,2,9,3,9,11,6,3,4,9,6,7,8,6,8,1,8,7,12,9,6,11,6}

DAY 15 {4,5,5,12,6,9,10,5,6,13,8,8,10,8,9,9,6,4,4,6,9,11,8,9,8,8,9,9,5,7,11,10,12,8,8,4,4,11,8,9,3,11,9,7,10,2,0,11,11,9,6,13,4,10,2,7,9,2,8,5}

DAY 16 {4,9,2,11,7,8,4,7,9,6,8,8,9,8,6,3,5,8,5,4,7,7,7,7,2,8,9,6,6,8,9,7,9,6,5,1,4,10,8,8,3,3,12,6,8,6,11,8,1,1,8,7,5,7,9,8,11,2,5,8}

DAY 17 {12,10,12,11,8,15,8,10,6,9,6,13,1,8,8,9,10,10,7,11,14,11,11,15,17,15,16,7,17,5,15,6,2,5,10,16,7,10,8,9,6,6,6,11,10,9,9,5,11,2,8,11,13,9,7,9,15,7,5,13}

DAY 18 {13,8,12,9,10,19,15,16,16,7,1,10,10,4,12,12,13,5,4,15,10,12,11,12,8,16,15,12,7,3,16,8,15,5,14,8,7,9,12,2,12,8,9,10,12,12,7,12,13,10,7,10,7,3,7,13,8,10,12,7}

Answers

DAY 19 {6,13,5,6,9,10,6,5,10,11,6,10,12,6,15,7,6,18,8,12,14,14,4,9,12,10,12,7,13,8,10,14,16,10,12,8,2,10,12,9,15,7,3,11,16,11,10,8,8,11,7,7,9,7,6,7,14,13,10,12}

DAY 20 {8,11,3,13,13,13,16,8,6,8,8,10,10,8,13,16,9,4,16,13,4,8,9,9,10,8,4,8,6,9,15,13,16,11,8,4,11,15,11,16,10,5,11,3,17,5,6,13,9,3,2,10,7,4,11,16,11,9,4,3}

DAY 21 {11,8,12,16,13,11,4,9,11,7,7,8,11,7,4,9,16,15,6,7,7,11,11,11,3,9,11,11,11,11,13,8,13,20,9,15,12,9,12,10,6,8,15,11,11,10,14,4,11,9,15,1,8,15,11,4,12,15,8,13}

DAY 22 {8,13,10,13,15,17,14,9,3,15,8,13,12,3,8,5,10,7,14,5,8,7,9,13,16,17,3,5,4,8,13,16,13,14,8,7,11,13,13,16,2,12,9,13,13,9,1,9,15,13,10,16,13,11,15,13,13,8,5,7}

DAY 23 {13,11,8,6,5,14,9,8,8,6,6,19,8,9,12,15,8,3,16,11,6,12,5,14,14,13,11,11,12,17,16,9,14,14,12,18,17,9,12,10,8,18,12,8,4,7,8,6,9,11,16,14,10,8,10,10,8,7,5,5}

DAY 24 {13,10,10,11,8,17,6,11,6,6,5,12,8,10,12,9,13,8,15,10,15,3,14,8,11,13,3,6,7,9,9,3,3,14,9,6,19,13,7,7,6,19,4,6,5,13,6,6,13,9,6,14,14,7,18,13,17,8,3,8}

Answers

DAY 25 {8, 13, 10, 14, 12, 7, 17, 9, 10, 7, 14, 8, 7, 13, 14, 9, 5, 13, 13, 7, 9, 12, 11, 10, 14, 5, 18, 14, 12, 11, 9, 7, 10, 5, 10, 6, 9, 15, 3, 11, 10, 13, 3, 4, 11, 6, 6, 10, 13, 9, 9, 10, 12, 5, 6, 13, 4, 9, 3, 11}

DAY 26 {9, 7, 14, 11, 12, 13, 9, 7, 8, 16, 14, 13, 11, 7, 6, 17, 13, 10, 2, 11, 11, 9, 5, 6, 8, 7, 11, 9, 15, 15, 4, 8, 3, 7, 7, 9, 12, 8, 7, 12, 10, 16, 14, 10, 12, 8, 10, 19, 16, 14, 16, 14, 7, 17, 9, 10, 9, 6, 18, 9}

DAY 27 {9, 9, 15, 17, 7, 14, 19, 14, 6, 11, 7, 10, 12, 5, 5, 18, 11, 8, 11, 9, 15, 9, 15, 7, 15, 4, 14, 17, 4, 7, 2, 7, 9, 17, 8, 16, 18, 10, 9, 17, 14, 0, 4, 9, 6, 11, 16, 13, 10, 1, 3, 15, 13, 15, 3, 11, 11, 17, 1, 7}

DAY 28 {8, 10, 15, 3, 16, 10, 11, 3, 9, 9, 6, 10, 14, 13, 18, 14, 12, 8, 2, 1, 11, 9, 15, 7, 12, 9, 11, 5, 8, 10, 9, 11, 5, 17, 8, 3, 4, 11, 12, 13, 10, 2, 11, 3, 12, 15, 1, 7, 19, 11, 11, 6, 6, 10, 13, 10, 17, 13, 8, 3}

DAY 29 {0, 9, 8, 12, 2, 12, 12, 14, 11, 12, 14, 17, 9, 9, 7, 12, 15, 12, 16, 8, 12, 10, 11, 8, 9, 11, 18, 11, 10, 9, 11, 14, 12, 14, 9, 14, 8, 8, 15, 7, 9, 13, 12, 12, 8, 14, 9, 1, 6, 8, 7, 13, 2, 3, 8, 16, 1, 8, 10, 7}

DAY 30 {4, 15, 4, 4, 6, 8, 10, 10, 11, 1, 12, 5, 12, 12, 7, 9, 3, 10, 16, 13, 18, 8, 15, 8, 12, 14, 16, 9, 5, 7, 9, 11, 8, 12, 12, 18, 9, 11, 10, 14, 15, 13, 14, 6, 14, 5, 14, 14, 11, 2, 13, 11, 7, 14, 16, 10, 4, 12, 8, 12}

Answers

DAY 31 {7, 3, 11, 9, 8, 10, 8, 12, 13, 13, 11, 14, 14, 8, 7, 11, 12, 7, 11, 7, 16, 4, 5, 10, 7, 16, 13, 16, 3, 11, 6, 5, 9, 5, 5, 6, 5, 4, 8, 16, 7, 12, 15, 10, 16, 11, 13, 3, 6, 9, 8, 15, 7, 7, 5, 12, 12, 12, 10, 10}

DAY 32 {17, 11, 15, 10, 17, 7, 8, 16, 4, 2, 5, 3, 14, 12, 2, 7, 12, 14, 12, 8, 12, 3, 13, 10, 20, 13, 14, 15, 15, 18, 13, 15, 8, 13, 3, 15, 2, 5, 14, 15, 8, 8, 10, 14, 12, 2, 5, 16, 12, 18, 5, 19, 3, 15, 5, 4, 11, 10, 4, 10}

DAY 33 {6, 7, 11, 10, 5, 14, 2, 4, 6, 2, 7, 12, 11, 10, 13, 17, 19, 9, 19, 9, 10, 8, 15, 10, 13, 3, 9, 9, 9, 15, 7, 16, 11, 8, 12, 14, 9, 9, 12, 5, 9, 10, 16, 5, 13, 9, 15, 11, 4, 5, 8, 13, 10, 6, 8, 10, 11, 9, 14, 6}

DAY 34 {15, 11, 10, 19, 16, 12, 14, 1, 15, 16, 17, 9, 16, 5, 15, 9, 16, 6, 6, 7, 12, 11, 4, 12, 12, 12, 14, 13, 6, 6, 8, 10, 9, 16, 15, 17, 4, 9, 3, 11, 8, 10, 10, 13, 8, 15, 13, 6, 6, 6, 12, 4, 12, 3, 19, 6, 11, 7, 6, 11}

DAY 35 {4, 9, 8, 8, 11, 11, 14, 14, 7, 11, 10, 6, 12, 18, 16, 4, 14, 12, 13, 8, 11, 10, 14, 7, 12, 10, 8, 16, 8, 8, 4, 11, 11, 11, 4, 10, 12, 9, 8, 9, 14, 16, 2, 9, 7, 8, 6, 8, 14, 13, 12, 15, 17, 16, 6, 10, 7, 11, 14, 13}

DAY 36 {10, 16, 11, 9, 14, 5, 5, 13, 13, 11, 11, 6, 17, 9, 5, 10, 15, 11, 12, 5, 13, 18, 5, 2, 4, 12, 12, 7, 16, 4, 15, 2, 5, 9, 11, 9, 3, 16, 14, 14, 7, 11, 11, 12, 15, 7, 6, 9, 8, 1, 10, 10, 12, 13, 12, 8, 10, 13, 9, 14}

Answers

DAY 37 {13, 8, 14, 13, 8, 0, 3, 6, 4, 8, 13, 1, 6, 10, 11, 8, 6, 10, 10, 10, 11, 6, 12, 8, 5, 14, 4, 14, 13, 7, 7, 12, 3, 13, 8, 2, 13, 12, 13, 9, 15, 13, 12, 6, 9, 4, 18, 14, 3, 10, 10, 14, 16, 11, 17, 2, 5, 12, 3, 13}

DAY 38 {5, 12, 13, 9, 14, 9, 12, 11, 13, 8, 18, 10, 4, 14, 9, 11, 12, 10, 14, 8, 10, 4, 11, 12, 4, 2, 15, 8, 8, 11, 2, 8, 18, 17, 13, 8, 6, 8, 9, 7, 9, 8, 11, 10, 13, 12, 3, 18, 17, 15, 15, 5, 0, 10, 10, 7, 6, 14, 6, 10}

DAY 39 {10, 12, 12, 14, 3, 13, 8, 13, 14, 16, 9, 8, 17, 3, 13, 9, 9, 11, 6, 10, 1, 4, 3, 13, 12, 12, 13, 3, 16, 11, 5, 9, 9, 14, 15, 11, 8, 9, 4, 12, 12, 13, 5, 4, 16, 12, 14, 7, 10, 13, 2, 14, 3, 14, 8, 17, 16, 13, 12, 9}

DAY 40 {3, 9, 11, 5, 15, 5 14, 17, 17, 17, 4, 9 2, 1, 14, 14, 6, 10 7, 4, 6, 9, 10, 17 17, 8, 12, 7, 3, 15 6, 12, 5, 6, 4, 12 16, 16, 3, 10, 6, 6 7, 13, 13, 11, 14, 1 2, 14, 9, 11, 16, 14 16, 17, 18, 9, 15, 10}

DAY 41 {6, 6, 5, 5, 2, 6, 7, 2, 5, 3, 5, 6, 7, 5, 4, 3, 4, 6, 2, 2, 6, 6, 6, 5, 7, 6, 7, 6, 3, 7, 4, 6, 5, 8, 1, 2, 8, 2, 6, 3, 6, 5, 3, 5, 5, 3, 2, 7, 3, 4, 6, 5, 10, 3, 6, 3, 7, 6, 3, 4}

DAY 42 {8, 6, 3, 5, 8, 3, 3, 4, 5, 5, 7, 4, 3, 6, 3, 3, 7, 4, 5, 7, 1, 5, 2, 6, 7, 6, 6, 8, 8, 10, 3, 8, 2, 3, 8, 6, 3, 3, 4, 5, 2, 7, 4, 9, 9, 7, 6, 6, 6, 3, 1, 4, 3, 1, 6, 5, 3, 6, 7, 5}

Answers

DAY 43 {1,7,7,6,4,4,5,7,4,7,4,5,5,4,6,8,6,7,4,4,3,1,6,7,5,6,3,2,5,5,5,5,1,5,8,6,6,6,5,2,4,5,7,6,6,5,8,6,7,6,4,5,6,6,5,4,7,8,6,5}

DAY 44 {7,7,6,9,4,5,2,2,8,6,6,5,2,2,4,2,3,3,5,5,4,10,4,4,3,7,7,4,4,4,7,6,1,2,3,4,4,5,7,7,5,7,9,9,7,2,3,3,6,4,6,7,6,5,10,5,4,4,3,3}

DAY 45 {5,7,8,2,6,4,3,5,1,6,4,3,3,4,8,5,7,5,4,6,1,7,1,8,3,5,5,1,9,2,8,4,6,3,2,3,7,3,3,4,6,4,7,6,4,8,1,7,5,3,7,3,4,2,4,7,6,5,6,9}

DAY 46 {4,5,5,8,3,6,8,4,7,6,9,6,8,7,5,0,3,4,5,10,5,10,2,7,4,1,5,4,7,5,6,2,2,7,1,1,5,3,7,3,4,5,6,3,5,7,6,3,4,5,7,2,9,4,10,7,2,4,4,8}

DAY 47 {5,2,1,8,4,3,6,3,3,5,8,10,6,5,5,7,3,3,5,5,4,5,7,6,9,6,9,6,5,3,8,7,3,7,4,5,1,9,5,8,2,6,5,5,4,3,1,4,2,8,5,3,4,3,6,7,5,5,8,7}

DAY 48 {4,3,3,8,1,3,6,4,6,4,7,4,6,4,4,4,3,5,4,8,1,7,9,7,6,4,1,4,9,2,5,8,5,5,5,6,3,3,6,7,3,8,6,2,4,7,5,5,5,3,6,3,6,3,7,9,4,2,1,1}

Answers

DAY 49 {15, 7, 19, 16, 14, 7, 14, 5, 9, 15, 6, 16, 14, 11, 10, 17, 8, 13, 9, 15, 9, 11, 10, 13, 12, 8, 6, 18, 7, 17, 10, 8, 10, 6, 9, 6, 5, 2, 12, 11, 10, 6, 14, 5, 14, 5, 3, 10, 9, 16, 16, 13, 12, 14, 10, 6, 5, 7, 14, 9}

DAY 50 {1, 13, 15, 18, 15, 9, 14, 10, 11, 13, 7, 19, 14, 10, 8, 7, 10, 10, 4, 19, 15, 12, 9, 12, 13, 19, 12, 11, 8, 6, 9, 6, 10, 5, 12, 4, 18, 11, 10, 2, 15, 9, 7, 11, 6, 17, 5, 7, 12, 17, 10, 14, 7, 7, 8, 5, 15, 9, 13, 4}

DAY 51 {9, 6, 12, 8, 10, 14, 9, 8, 12, 3, 11, 9, 9, 10, 6, 11, 15, 17, 11, 9, 3, 11, 17, 13, 8, 6, 12, 6, 12, 7, 11, 12, 15, 12, 12, 2, 8, 17, 9, 9, 12, 12, 15, 14, 12, 2, 8, 6, 12, 13, 18, 6, 10, 2, 14, 7, 6, 18, 16, 13}

DAY 52 {8, 11, 16, 14, 8, 9, 10, 12, 9, 8, 7, 13, 10, 13, 16, 10, 18, 6, 8, 15, 7, 10, 17, 19, 15, 8, 12, 11, 14, 3, 7, 3, 16, 4, 3, 11, 4, 10, 5, 5, 9, 2, 9, 9, 7, 7, 0, 15, 4, 5, 15, 7, 12, 4, 8, 9, 15, 1, 12, 3}

DAY 53 {9, 13, 12, 11, 18, 11, 3, 14, 7, 8, 12, 17, 3, 11, 11, 4, 9, 13, 6, 4, 3, 6, 18, 15, 7, 12, 9, 1, 4, 10, 7, 0, 16, 10, 15, 7, 8, 12, 12, 16, 19, 16, 5, 7, 6, 5, 13, 10, 9, 12, 9, 10, 5, 15, 12, 5, 10, 9, 20, 4}

DAY 54 {6, 5, 3, 14, 6, 10, 3, 5, 10, 10, 15, 12, 3, 9, 12, 9, 12, 9, 4, 18, 4, 8, 16, 14, 8, 18, 11, 13, 11, 10, 14, 6, 11, 10, 3, 10, 16, 11, 7, 3, 15, 13, 8, 7, 12, 2, 6, 12, 3, 17, 5, 11, 12, 3, 7, 11, 8, 4, 4, 15}

Answers

DAY 55 {9,2,7,13,7,8,18,12,19,10,7,10,18,11,3,8,9,12,7,7,3,18,10,16,10,12,12,13,5,9,14,16,4,9,14,8,13,4,10,13,10,8,9,11,7,9,17,10,9,1,9,9,11,5,16,13,8,9,11,9}

DAY 56 {9,8,7,18,17,3,6,13,6,7,13,2,6,13,13,9,9,4,12,7,7,11,6,17,6,13,9,8,7,5,7,9,11,6,11,6,15,12,18,17,16,10,7,13,9,7,5,0,11,15,9,9,9,9,11,3,9,12,7,14}

DAY 57 {10,12,13,8,13,14,7,8,18,15,14,9,7,3,4,19,8,12,4,14,8,10,10,10,10,6,4,9,9,10,14,7,11,10,9,10,3,9,10,12,17,5,13,13,11,8,11,9,1,15,10,6,13,14,12,9,11,5,13,6}

DAY 58 {4,12,17,17,12,16,8,7,17,4,13,13,8,8,14,10,8,14,10,4,9,14,2,7,12,4,14,12,2,10,10,7,15,12,12,8,5,11,9,4,15,8,13,7,13,14,12,11,9,5,11,9,13,15,8,11,16,5,8,6}

DAY 59 {11,7,10,14,16,16,11,2,8,1,10,5,11,9,11,11,9,14,16,11,13,12,10,4,13,14,5,6,12,16,19,3,8,16,8,10,17,15,13,18,12,14,9,13,7,1,3,10,8,16,4,8,10,8,14,9,8,12,17,13}

DAY 60 {6,11,8,8,15,6,7,11,7,10,12,2,7,16,6,10,13,4,7,9,15,9,10,13,11,18,8,11,16,10,14,8,9,10,5,3,12,7,8,7,6,8,12,6,12,18,18,16,4,12,5,16,7,18,19,5,14,8,6,3}

Answers

DAY 61 {3, 15, 5, 14, 6, 11, 10, 10, 5, 7, 8, 19, 10, 13, 8, 10, 10, 3, 16, 7, 6, 6, 16, 5, 6, 18, 9, 13, 13, 18, 5, 9, 12, 12, 13, 14, 3, 8, 11, 11, 12, 13, 15, 10, 10, 9, 3, 18, 13, 7, 11, 13, 19, 15, 3, 13, 8, 8, 11, 12}

DAY 62 {12, 10, 14, 9, 5, 14, 9, 14, 14, 10, 11, 11, 9, 7, 13, 10, 9, 13, 13, 3, 3, 14, 13, 2, 10, 7, 2, 10, 19, 14, 7, 9, 5, 1, 11, 8, 7, 12, 9, 12, 8, 20, 3, 13, 8, 13, 9, 17, 10, 10, 7, 4, 10, 11, 17, 11, 13, 17, 13, 8}

DAY 63 {5, 13, 12, 7, 5, 13, 6, 2, 7, 15, 14, 13, 6, 16, 15, 10, 15, 9, 16, 16, 14, 16, 8, 5, 13, 19, 10, 16, 8, 14, 9, 12, 14, 5, 10, 16, 14, 3, 10, 12, 4, 9, 14, 12, 15, 11, 8, 7, 4, 11, 9, 9, 14, 8, 11, 15, 17, 6, 8, 5}

DAY 64 {8, 10, 9, 14, 9, 9, 10, 5, 10, 10, 5, 9, 10, 9, 7, 5, 8, 11, 7, 13, 14, 6, 7, 8, 5, 1, 1, 8, 6, 6, 7, 11, 6, 4, 7, 10, 15, 15, 14, 14, 10, 4, 14, 5, 9, 12, 9, 10, 15, 13, 12, 8, 7, 12, 16, 14, 11, 9, 5, 11}

DAY 65 {6, 5, 6, 5, 5, 6, 5, 4, 3, 6, 4, 6, 5, 7, 2, 6, 5, 6, 1, 4, 5, 3, 8, 3, 6, 9, 9, 5, 4, 8, 7, 5, 1, 3, 4, 3, 7, 4, 5, 4, 6, 5, 6, 6, 7, 5, 8, 7, 7, 6, 4, 4, 7, 8, 6, 5, 7, 6, 8, 6}

DAY 66 {17, 9, 10, 4, 12, 4, 15, 12, 10, 12, 2, 9, 15, 14, 10, 18, 12, 10, 10, 9, 3, 16, 12, 14, 14, 9, 6, 2, 15, 14, 5, 7, 11, 3, 7, 5, 13, 14, 7, 6, 12, 4, 7, 8, 13, 8, 11, 16, 8, 14, 11, 11, 16, 16, 4, 6, 9, 10, 10, 10}

Answers

DAY 67 {8, 18, 12, 12, 3, 11, 4, 6, 8, 10, 8, 7, 4, 6, 14, 7, 8, 9, 6, 9, 11, 14, 15, 14, 16, 9, 12, 18, 11, 9, 7, 12, 10, 7, 14, 18, 10, 16, 14, 16, 12, 11, 10, 9, 7, 10, 8, 16, 13, 12, 15, 9, 15, 15, 6, 8, 8, 8, 11, 5}

DAY 68 {12, 10, 10, 11, 9, 9, 11, 14, 10, 14, 13, 8, 11, 9, 12, 5, 9, 15, 13, 12, 11, 4, 9, 12, 8, 13, 5, 9, 14, 17, 11, 8, 10, 11, 12, 7, 17, 14, 6, 2, 6, 6, 16, 7, 5, 4, 6, 9, 12, 13, 4, 5, 15, 7, 14, 5, 6, 5, 18, 9}

DAY 69 {7, 7, 10, 8, 16, 10, 7, 7, 11, 9, 5, 9, 7, 3, 16, 6, 14, 9, 18, 6, 18, 9, 13, 10, 13, 19, 7, 10, 9, 10, 6, 8, 16, 5, 14, 9, 17, 10, 14, 13, 9, 11, 8, 10, 6, 13, 15, 16, 2, 4, 17, 5, 5, 6, 16, 17, 10, 4, 14, 3}

DAY 70 {7, 7, 14, 7, 8, 6, 14, 3, 9, 10, 12, 14, 14, 10, 15, 12, 9, 10, 7, 13, 13, 8, 9, 11, 10, 8, 2, 9, 14, 8, 16, 6, 11, 15, 8, 11, 3, 10, 4, 17, 13, 5, 6, 4, 18, 6, 7, 14, 8, 8, 17, 6, 17, 16, 4, 14, 10, 12, 10, 14}

DAY 71 {16, 10, 10, 9, 13, 6, 13, 2, 9, 19, 13, 5, 13, 11, 2, 16, 13, 6, 13, 16, 14, 10, 6, 14, 13, 8, 17, 7, 9, 17, 9, 17, 9, 13, 4, 12, 11, 12, 3, 5, 9, 6, 4, 11, 16, 8, 9, 14, 10, 9, 14, 4, 13, 16, 4, 12, 12, 10, 3, 5}

DAY 72 {18, 10, 15, 9, 11, 15, 15, 15, 7, 12, 9, 5, 15, 10, 18, 11, 4, 10, 8, 13, 7, 14, 7, 16, 10, 8, 13, 15, 16, 10, 14, 15, 4, 7, 12, 10, 12, 4, 11, 17, 3, 10, 10, 5, 4, 12, 11, 7, 15, 11, 12, 9, 4, 15, 12, 12, 7, 17, 6, 8}

Answers

DAY 73 {4,9,5,5,6,5,7,6,8,3,5,1,7,4,2,9,6,3,4,4,3,5,5,6,8,5,5,4,6,7,7,2,5,4,7,4,3,9,4,5,4,4,6,4,5,6,8,3,5,3,8,7,8,6,6,5,6,6,2,6}

DAY 74 {15,12,10,3,5,11,10,12,11,17,4,16,10,7,3,10,10,4,12,11,10,16,11,10,11,10,12,7,5,9,8,17,13,10,6,3,5,11,13,12,15,4,3,16,7,17,7,5,3,11,15,8,11,11,12,13,6,5,14,2}

DAY 75 {9,11,14,6,12,14,11,4,10,9,9,7,11,6,8,2,13,13,12,0,9,9,7,8,12,12,6,9,5,8,10,8,7,13,14,5,8,16,9,7,11,9,12,13,8,12,16,12,16,8,10,9,8,8,8,7,5,12,12,6}

DAY 76 {2,4,7,6,6,7,5,7,6,5,6,0,5,5,3,9,4,7,5,5,6,7,6,2,4,4,4,7,10,4,6,5,6,5,7,6,3,5,3,7,3,5,2,8,8,4,4,6,4,8,3,6,5,6,5,6,5,8,2,4}

DAY 77 {17,14,13,10,10,11,5,6,7,1,10,11,5,7,6,7,7,15,7,16,15,12,13,10,11,11,5,6,12,4,17,11,13,10,13,3,16,15,5,10,9,11,9,17,6,8,6,9,10,6,11,11,8,10,9,5,8,9,8,16}

DAY 78 {8,18,6,4,8,18,2,11,4,13,10,11,2,8,12,10,9,8,9,16,8,10,12,10,12,13,17,7,10,10,15,7,11,15,14,6,12,13,8,10,16,5,10,6,12,7,12,11,10,11,10,6,9,15,14,8,14,9,11,15}

Answers

DAY 79 {5,13,7,14,5,12,15,8,9,14,16,16,15,6,8,17,14,4,10,10,11,11,11,10,9,10,8,11,4,9,12,2,11,2,10,4,14,16,4,12,5,7,9,6,18,6,9,4,14,3,8,12,1,11,10,4,7,4,6,7}

DAY 80 {15,5,14,14,6,5,10,11,11,9,7,17,10,10,9,14,7,11,6,11,10,12,17,7,4,12,6,16,18,14,14,16,8,10,11,16,7,6,10,12,12,11,11,11,10,5,5,15,10,4,11,7,10,15,13,18,12,9,14,15}

DAY 81 {6,5,6,6,5,6,8,9,4,5,8,5,2,3,6,5,5,7,7,5,1,0,7,4,9,4,5,5,9,6,3,4,3,8,6,9,4,4,10,9,6,3,6,8,6,2,7,6,3,8,2,3,6,3,9,3,7,5,6,3}

DAY 82 {7,3,2,5,7,5,5,4,2,2,7,8,5,4,5,5,6,5,7,5,6,3,3,4,6,9,2,8,8,4,4,6,3,7,3,6,9,7,6,3,6,7,5,6,7,4,3,3,7,3,6,10,2,6,2,6,5,6,4,2}

DAY 83 {5,3,9,10,4,4,2,7,3,4,6,5,6,2,3,6,5,9,5,7,3,8,8,1,3,4,9,2,2,9,5,5,4,2,1,6,5,8,7,4,3,2,2,3,7,6,9,7,7,5,4,4,6,7,8,7,2,7,5,8}

DAY 84 {7,5,4,3,3,1,4,7,3,6,8,7,4,3,6,7,2,5,9,5,3,7,7,5,8,7,2,3,3,3,2,6,4,8,2,8,7,8,1,2,8,9,9,8,0,6,2,3,4,2,4,6,5,6,4,5,3,3,6,7}

Answers

DAY 85 {6,3,7,5,1,7,3,4,7,6,4,7,4,3,5,2,1,5,3,5,5,4,9,3,7,2,7,8,5,6,4,1,4,10,3,7,4,8,1,3,3,8,6,5,6,4,8,5,5,7,5,3,0,7,6,3,5,8,2,1}

DAY 86 {8,4,5,4,5,5,3,7,8,3,3,5,3,5,6,6,3,1,1,5,6,1,4,7,4,6,8,7,8,2,5,3,2,8,0,8,6,7,7,5,6,8,6,4,8,3,7,4,8,4,4,4,2,4,7,3,6,6,7,4}

DAY 87 {5,7,6,3,7,2,5,3,7,5,8,5,6,2,6,5,8,9,5,3,2,4,1,5,5,3,7,5,5,6,9,9,3,7,5,8,5,9,4,7,7,7,4,3,5,5,5,5,2,6,5,2,10,6,8,6,7,3,5,4}

DAY 88 {3,4,5,6,4,5,5,1,4,5,7,3,5,6,3,5,4,4,4,5,6,5,5,3,9,5,5,6,4,7,7,9,9,6,5,5,6,2,5,4,2,5,6,6,3,9,4,2,3,2,7,4,6,1,7,5,4,9,7,8}

DAY 89 {3,4,6,4,6,2,2,6,7,7,9,6,6,4,3,8,8,6,3,7,8,7,7,2,8,10,4,4,6,2,6,1,8,6,8,6,4,3,5,3,3,6,4,0,9,3,6,4,4,9,3,1,6,2,3,8,6,7,4,7}

DAY 90 {6,8,4,8,6,6,5,4,4,6,4,3,5,5,4,6,5,3,5,3,1,8,6,5,7,8,3,8,8,6,7,6,4,4,4,6,3,4,6,4,7,6,2,6,4,6,4,6,9,4,7,4,2,3,5,1,5,1,4,4}

Answers

DAY 91 {11, 13, 15, 4, 16, 5, 16, 12, 15, 8, 18, 13, 12, 10, 3, 9, 16, 12, 12, 8, 13, 6, 20, 7, 9, 6, 4, 15, 11, 13, 17, 6, 8, 16, 13, 14, 12, 6, 15, 14, 15, 10, 4, 16, 12, 8, 6, 6, 11, 12, 11, 8, 4, 10, 11, 14, 11, 2, 5, 10}

DAY 92 {7, 15, 4, 10, 13, 2, 6, 4, 15, 8, 15, 5, 6, 11, 8, 18, 13, 1, 10, 9, 7, 15, 11, 6, 18, 8, 10, 7, 19, 5, 13, 9, 9, 13, 10, 7, 12, 12, 4, 16, 12, 16, 6, 5, 10, 17, 13, 10, 6, 11, 7, 12, 16, 9, 15, 10, 2, 7, 3, 2}

DAY 93 {6, 15, 5, 1, 14, 10, 14, 10, 7, 13, 7, 4, 10, 5, 2, 10, 5, 5, 17, 17, 4, 12, 16, 5, 5, 13, 8, 11, 11, 10, 7, 15, 7, 8, 2, 11, 9, 6, 15, 6, 9, 11, 13, 8, 14, 13, 9, 6, 10, 17, 9, 8, 6, 11, 10, 2, 1, 11, 16, 9}

DAY 94 {8, 7, 17, 15, 8, 13, 12, 16, 9, 7, 11, 14, 12, 11, 2, 13, 4, 13, 9, 7, 5, 18, 14, 13, 11, 10, 0, 10, 11, 5, 6, 9, 12, 6, 9, 3, 9, 2, 8, 15, 17, 6, 11, 13, 9, 5, 3, 14, 12, 13, 9, 6, 10, 6, 10, 16, 10, 5, 13, 11}

DAY 95 {12, 10, 16, 6, 7, 10, 4, 7, 8, 8, 8, 12, 14, 5, 5, 10, 17, 15, 15, 4, 10, 15, 7, 11, 10, 3, 10, 11, 3, 11, 13, 10, 10, 12, 9, 19, 12, 15, 11, 7, 5, 4, 11, 8, 14, 17, 14, 15, 9, 11, 9, 2, 13, 4, 12, 11, 7, 13, 2, 6}

DAY 96 {5, 11, 10, 5, 15, 13, 12, 13, 12, 11, 6, 12, 12, 9, 6, 1, 9, 6, 8, 13, 14, 3, 16, 12, 10, 4, 9, 11, 13, 14, 13, 3, 10, 17, 17, 10, 12, 6, 9, 4, 7, 4, 7, 14, 8, 11, 13, 12, 10, 13, 7, 10, 3, 13, 16, 5, 10, 15, 11, 11}

Answers

DAY 97 {10, 11, 9, 14, 13, 8, 14, 10, 7, 8, 7, 10, 12, 3, 12, 15, 3, 11, 3, 8, 7, 17, 6, 13, 17, 12, 13, 6, 6, 12, 13, 8, 14, 12, 8, 10, 11, 11, 10, 10, 11, 13, 16, 7, 11, 13, 7, 12, 18, 10, 10, 14, 7, 12, 10, 16, 11, 7, 6, 18}

DAY 98 {7, 16, 6, 12, 12, 13, 15, 10, 7, 15, 14, 18, 15, 6, 10, 14, 8, 13, 14, 15, 10, 12, 16, 13, 2, 5, 9, 8, 18, 5, 16, 8, 2, 7, 13, 17, 9, 13, 12, 15, 11, 9, 9, 6, 6, 7, 1, 10, 7, 5, 6, 5, 10, 12, 10, 6, 10, 5, 8, 10}

DAY 99 {15, 11, 11, 3, 15, 16, 3, 10, 13, 11, 17, 17, 12, 16, 12, 17, 15, 4, 11, 8, 3, 12, 9, 4, 12, 11, 7, 18, 1, 14, 3, 12, 4, 3, 14, 14, 18, 4, 9, 10, 12, 13, 9, 11, 11, 9, 13, 16, 9, 9, 18, 13, 13, 2, 9, 8, 5, 7, 12, 9}

DAY 100 {10, 6, 11, 5, 9, 9, 8, 19, 3, 12, 11, 14, 8, 6, 9, 4, 5, 8, 12, 9, 7, 11, 10, 9, 10, 6, 5, 10, 3, 13, 10, 8, 5, 11, 6, 4, 7, 10, 13, 10, 13, 14, 11, 7, 7, 14, 13, 16, 1, 12, 14, 12, 5, 10, 9, 8, 19, 14, 7, 4}

www.ingramcontent.com/pod-product-compliance
Lightning Source LLC
Chambersburg PA
CBHW060421220526
45465CB00008B/2969